JN397183

고지도,
종이에 펼쳐진 세상

동양편

일러두기

1. 이 책은 국립해양박물관이 소장한 주요 고지도와 천문도를 수록한 책이다.
2. 지도의 서지사항은 제작자, 시대, 재질, 크기 순으로 수록하였으며, 외국 지도의 경우 국가 이름을 별도로 표기하였다.
3. 지도 유형의 순서는 묘사된 범위의 규모에 따랐으며, 분류내에서는 제작 시기와 국가별로 배치하였다.
4. 지도명은 한자 혹은 영어를 병기하였으며, 설명은 한글 표기를 원칙으로 하였다.
5. 자료 크기는 가로 x 세로 x 높이(두께) 순으로 표기하는 것을 원칙으로 하였으며, 절첩식 지도의 경우 펼친 크기를 별도로 나타냈다.
6. 참고문헌은 각 부분에 일일이 각주로 표시하지 않고 책의 맨 뒤에 일괄 기재하였다.

INTRODUCTION

이 책에서는 지도에 그려진 지역의 크기와 주제에 따라 천문도, 세계 및 동아시아 지도, 조선지도, 주제도의 네 유형으로 분류하였다. 조선지도는 조선전도, 도별도, 군현·도서 및 관방지도로 구분하였으며, 이 중 도별도는 지도 발달과 형태에 따라 '동람도형', '정상기형', '수진본' 유형으로 세분하였다.

목차
CONTENTS

발간사 6

천문도 8

세계 및 동아시아지도 16

  1_ 세계지도 16

  2_ 동아시아 지도 30

조선지도 48

  1_ 조선전도 48

  2_ 도별지도 60

    • 동람도형 60

    • 정상기형 78

    • 수진본 102

  3_ 군현·도서 및 관방지도 114

주제도 134

특별논고 / 참고문헌 142

발간사
Foreword

지도는 단순히 자신이 보고자 하는 지역을 일정한 비율로 줄여 정보를 전달하는 역할뿐만 아니라 그 당시 시대상과 사람들의 세계관을 고스란히 반영하는 표상이라 할 수 있습니다. 또한, 제작 당시의 과학과 기술 수준이 총망라된 집약체이기에 혹자는 "지도는 보는 것이 아니라 읽는다."라고도 합니다.

이런 지도에 대한 역사적 가치와 소중함을 알기에 우리 박물관은 지난 2012년부터 현재까지 바다와 땅을 아우르는 약 750점의 지도들을 꾸준히 모아왔습니다. 수집된 동·서양의 다양한 지도 중에서 사료적 가치와 예술성이 높은 지도 약 100여 점을 선정하여 여러분에게 소개하고자 합니다. 이 지도들 중 일부는 여러 전시에도 소개되었고, 꾸준히 도록에도 실릴 정도로 이미 여러분에게 잘 알려져 있습니다. 하지만 이외의 대부분 지도들은 단 한 번도 대중들에게 공개된 적이 없는 지도들입니다.

<고지도, 종이에 펼쳐진 세상>은 약 100여점의 지도를 서양과 동양으로 나누어 총 2권으로 구성하였습니다. 이 지도들과 함께 서양편에서는 아무도 가보지 않은 미지의 공간을 탐험한 항해가들의 항해기를 담아 보았고, 동양편에는 우리 조상들이 하늘과 별자리를 그림의 형태로 남긴 천문도를 함께 수록하였습니다.

이 책에 실린 한 장 한 장의 지도에는 무한히 되풀이되고 있는 아득한 역사의 흔적들이 남아 온전히 우리에게 전해지고 있습니다. 또한, 아직까지 우리에게 바다는 신비한 공간이자 공포의 공간이기도 합니다. 이런 지도를 통해 미지의 세계에 대한 호기심과 두려움을 이겨내고자 했던 선조들의 도전정신과 용기를 조금이라도 이해하면서 이 불안한 코로나-19 시기를 잠시 잊고 위안을 얻는 계기가 되었으면 합니다.

앞으로도 우리 박물관은 소장자료에 대한 가치를 제고하고 나아가 해양의 더 큰 가치를 여러분에게 일깨우기 위해 이 책의 발간을 시작으로 매년 주제별로 소장자료를 선별하여 여러분에게 소개드리도록 하겠습니다. 감사합니다.

2020. 12

국립해양박물관장

천문도

천문학은 하늘의 움직임을 관측하여 시간과 계절의 변화를 예측하는 학문이다.
동서를 막론하고, 하늘의 뜻을 살피는 천문학은 제왕의 학문으로 여겨졌다.
따라서, 관측된 별자리와 해와 달의 움직임을 그린 천문도는
왕의 권위를 나타내는 표상이었다.

01
천상열차분야지도 각석 탁본 天象列次分野之圖 刻石 拓本

조선, 종이
95.0x161.0

1396년조선 태조 4년 12월에 제작된 돌에 새긴 천문도이다. 천상열차분야지도라는 이름은 천문현상을 12분야分野로 나누어 차례로 늘어 놓은 그림이라는 뜻으로, 중심에는 305개 별자리와 1,467개의 별이 그려져 있다. 이는 현재 국보 제228호로 지정이 되어 있다. 박물관에서 소장하고 있는 이 자료는 국보 제228호 뒷면을 탁본한 매우 희귀한 자료이며, 특이한 점은 이 자료에서 나타난 글자, 선, 점의 형태가 현재의 국보 제228호 뒷면보다 선명하다는 것이다. 천상열차분야지도에는 하늘, 별자리, 우주론, 제작 경위 등 다양한 내용이 기록되어 있는데, 이는 개국공신인 권근權近이 글을 짓고, 류방택柳方澤이 천문 계산을 했으며, 설경수偰慶壽는 글을 썼다고 비문에 적었다.

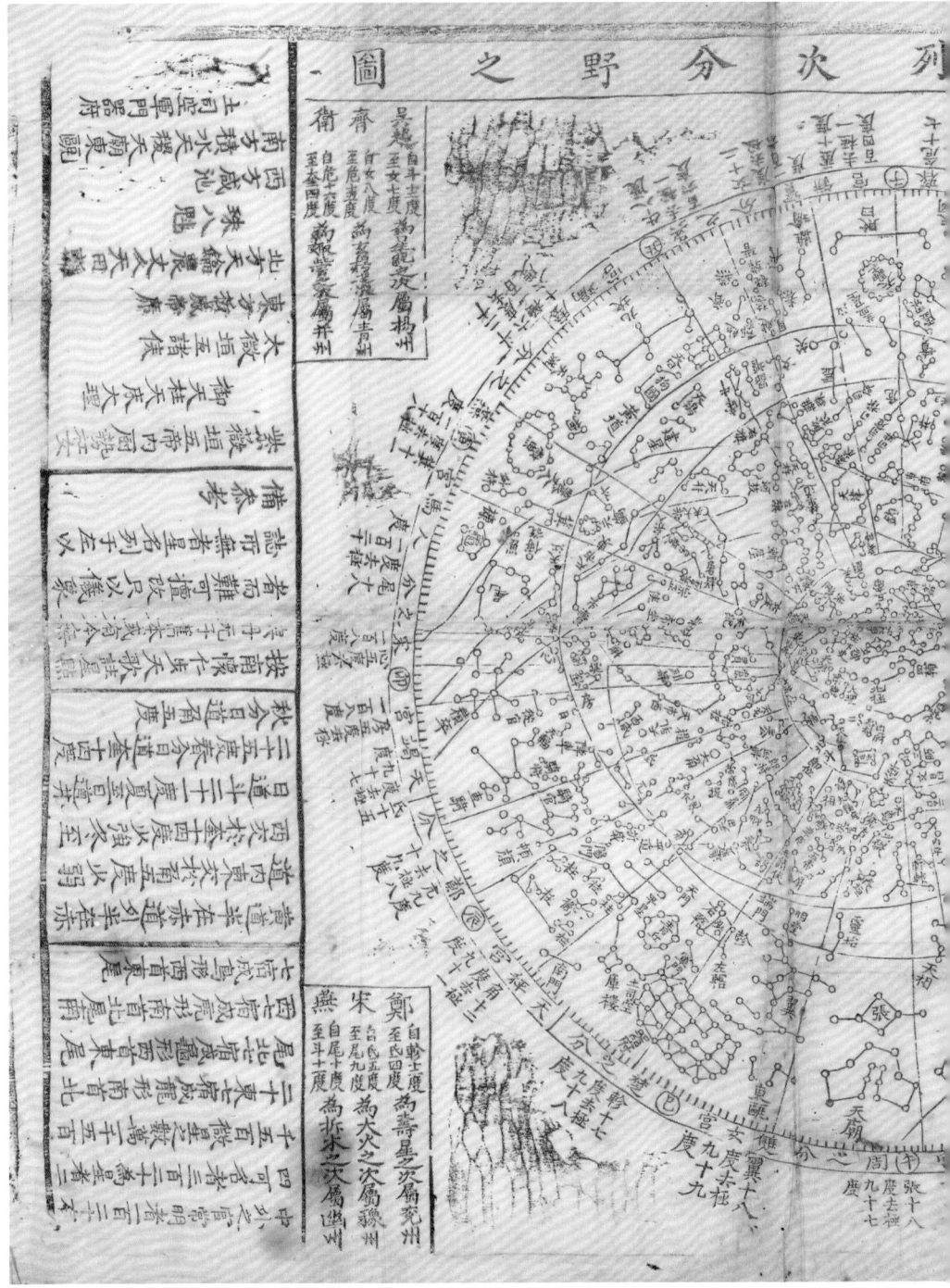

02

구장천상열차분야지도
舊藏天象列次分野之圖

18세기 이후, 종이
58.9×46.8

18세기 무렵, 천상열차 분야지도에서 원안의 별자리 부분과 원둘레 분야를 목판으로 새겨 찍어낸 지도이며, 각종 범례가 표시되어 있다.

03

천문도 天文圖

19세기 이후, 종이
72.7×74.7

19세기에 제작한 것으로 추정되며, 천상열차분야지도의 별자리 부분만을 필사하여 나타낸 것이다.
둥근 원으로 표시된 천문도 안에 가운데에는 북극이 있고, 이를 중심으로 별들이 점으로 표시되어 있으며, 밝기에 따라 크기를 달리하였다.

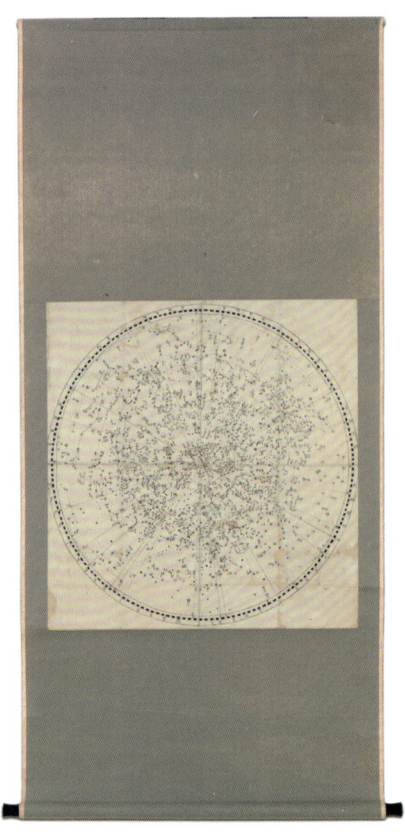

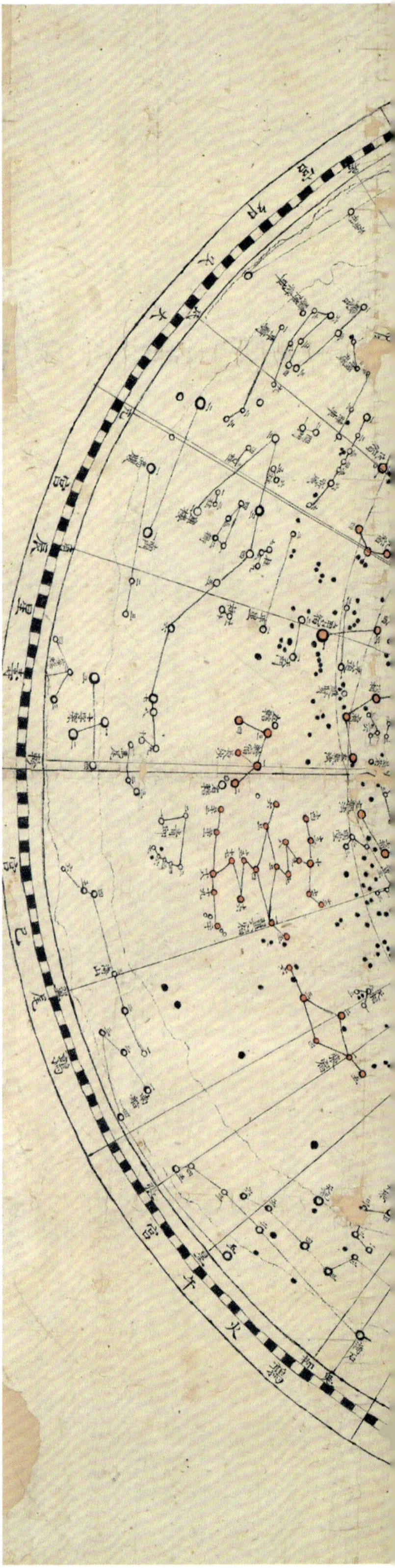

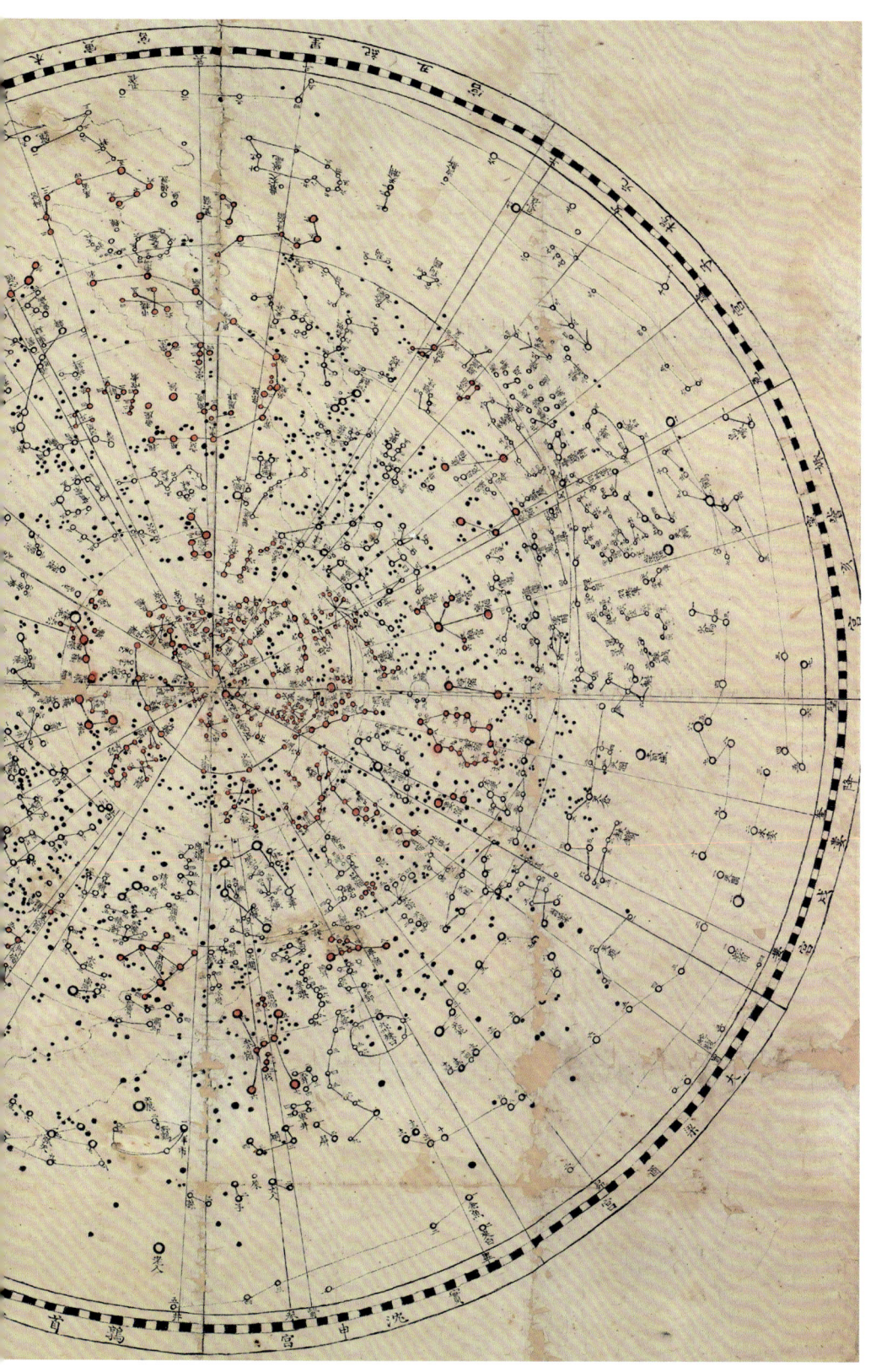

세계 및
동아시아 지도

●

1. 세계지도

지역에 대한 지식을 바탕으로, 미지의 지역에 대한
호기심과 욕망을 지도를 통해 나타냈다.
그 중 세계지도는 지구상의 가장 넓은 범위를 그린 지도로, 제작 당시의 사람들이
세계를 바라보는 인식과 사상을 살펴볼 수 있는 중요한 수단이 되기도 한다.

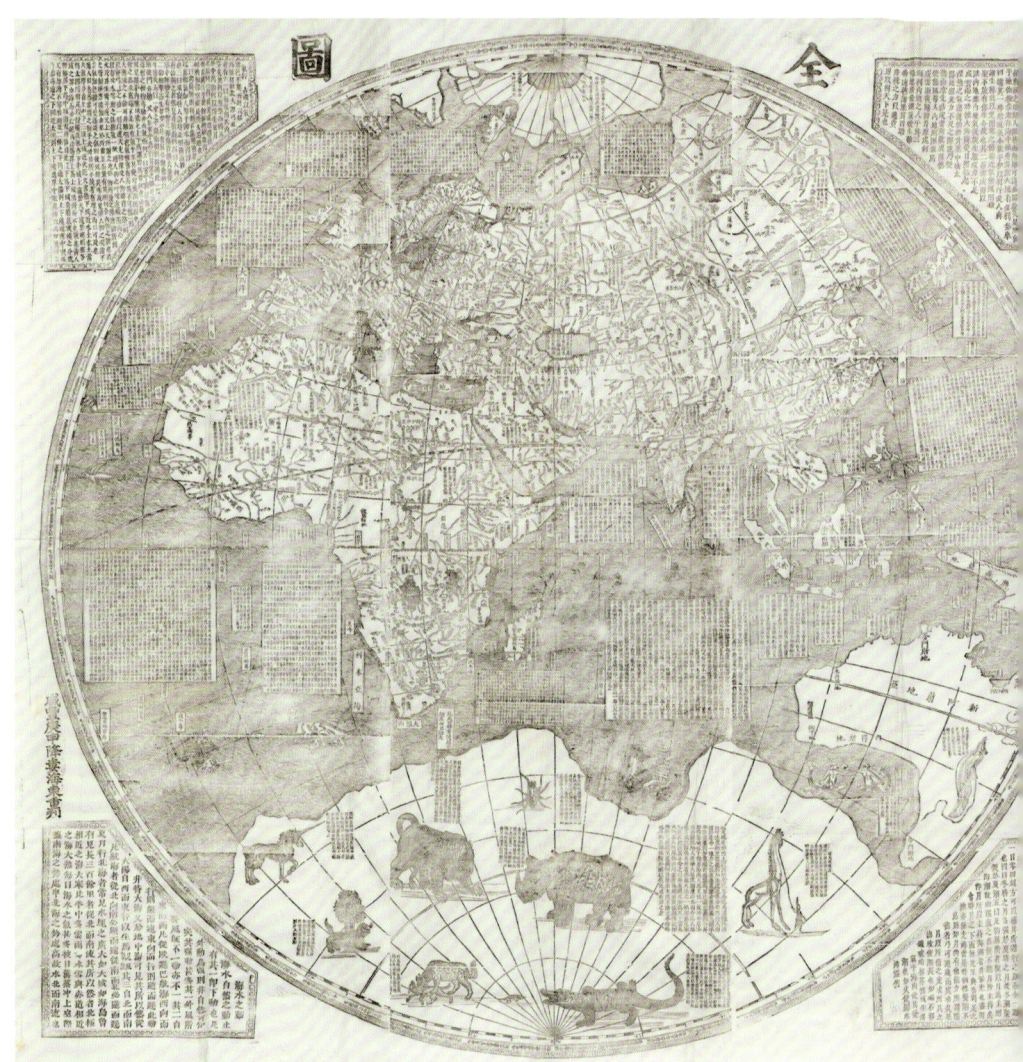

04

곤여전도 坤輿全圖

페르비스트
1860년, 종이
151.7 × 83.2

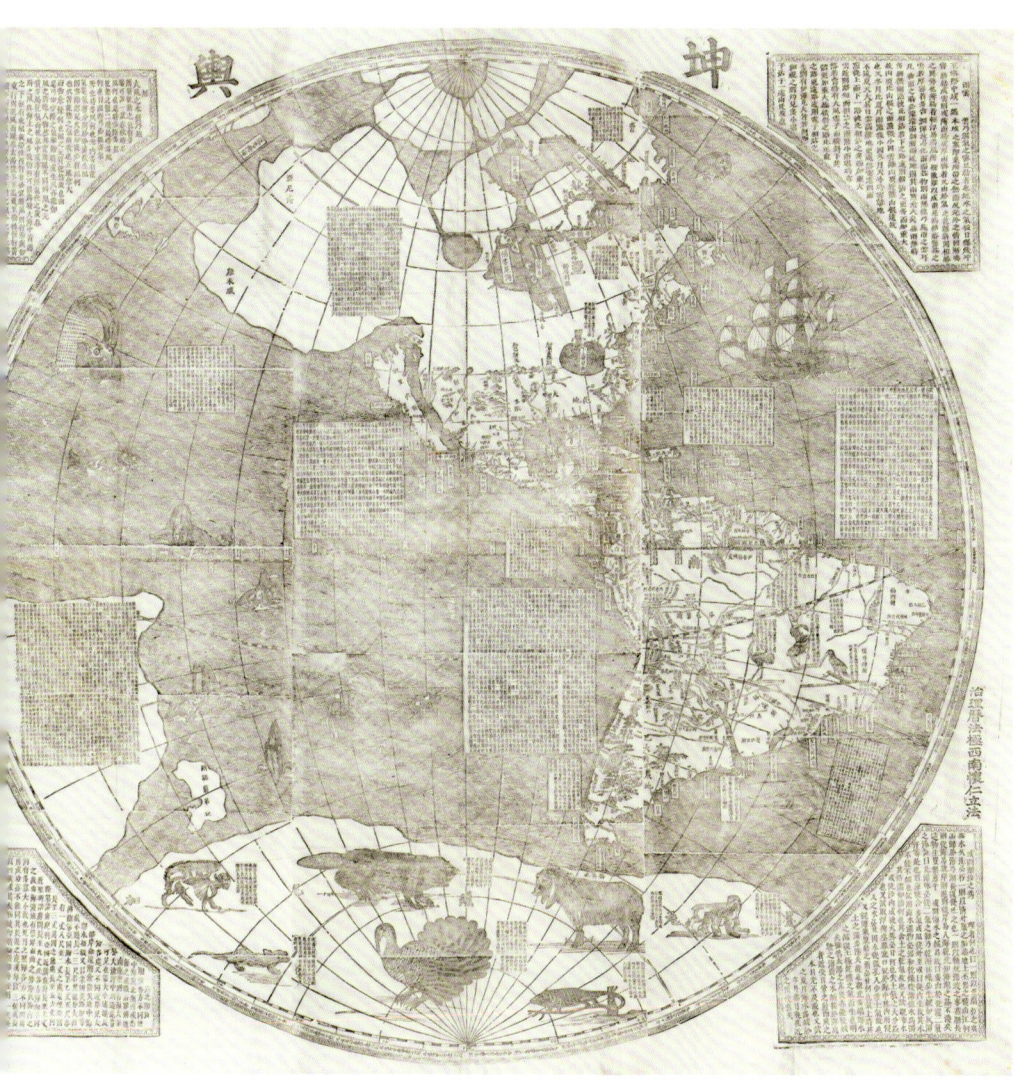

중국에서 온 서양 선교사 페르비스트Ferdinand Verbiest가 제작한 대형 세계지도이다. 이 지도는 북경판1674년, 광동판1858년과 조선에서 제작한 해동판1860년이 있는데, 박물관이 소장하고 있는 이 지도는 해동판이다. 양반구를 그린 지도로 동반구는 아시아, 유럽, 아프리카가 그려져 있고, 서반구에는 북미와 남미대륙이 그려져 있다. 북경판은 8폭으로 되어 있지만, 이는 양쪽 끝의 폭이 없는 6폭이고 양반구도가 각각 3폭씩에 걸쳐 표현되어 있다. 마테오 리치Matteo Ricci의 곤여만국전도와 같이 지도의 여백에 지구의 구조, 지도, 지진, 바람, 태풍, 강하江河, 산악山岳 등 서양의 지구과학 및 지리학에 대해 기록해 놓아 당시 새로운 지식을 알리는 역할을 하였다. 그리고 바다의 동물과 선박 등을 그려 넣어 상상력과 미지의 세계에 대한 호기심을 표현하였다.

05

여지전도 輿地全圖

19세기, 종이
91.0×68.0

서구식 지도를 바탕으로 그린 세계지도이다. 유럽과 아프리카, 동남아시아 일대를 묘사하였으며, 신대륙인 남·북아메리카는 그려지지 않았다. 목판본으로 제작되어 널리 보급되면서 당시 조선의 세계 표상 형성에 큰 영향을 준 지도이다. 또한, 서양의 지리 지식이 조선 사회에 유입되면서 이를 어떻게 받아들여졌는지를 파악해볼 수 있다. 지도 여백에 조선 관찰사영觀察使營의 위도와 경도가 기재되어 있다. 또한, 중국을 비롯한 세계 여러 지역의 명칭과 거리 등이 수록되어 있다. 좌측 하단 '건륭신강서역제부건乾隆新疆域諸部'에는 북경에 이르는 거리와 해당 지역에 있었던 옛 국가의 이름이 적혀 있고, 지금의 인도 일대에는 오천축국五天竺國의 옛 지명과 서역에 있던 나라의 이름도 기록되어 있다.

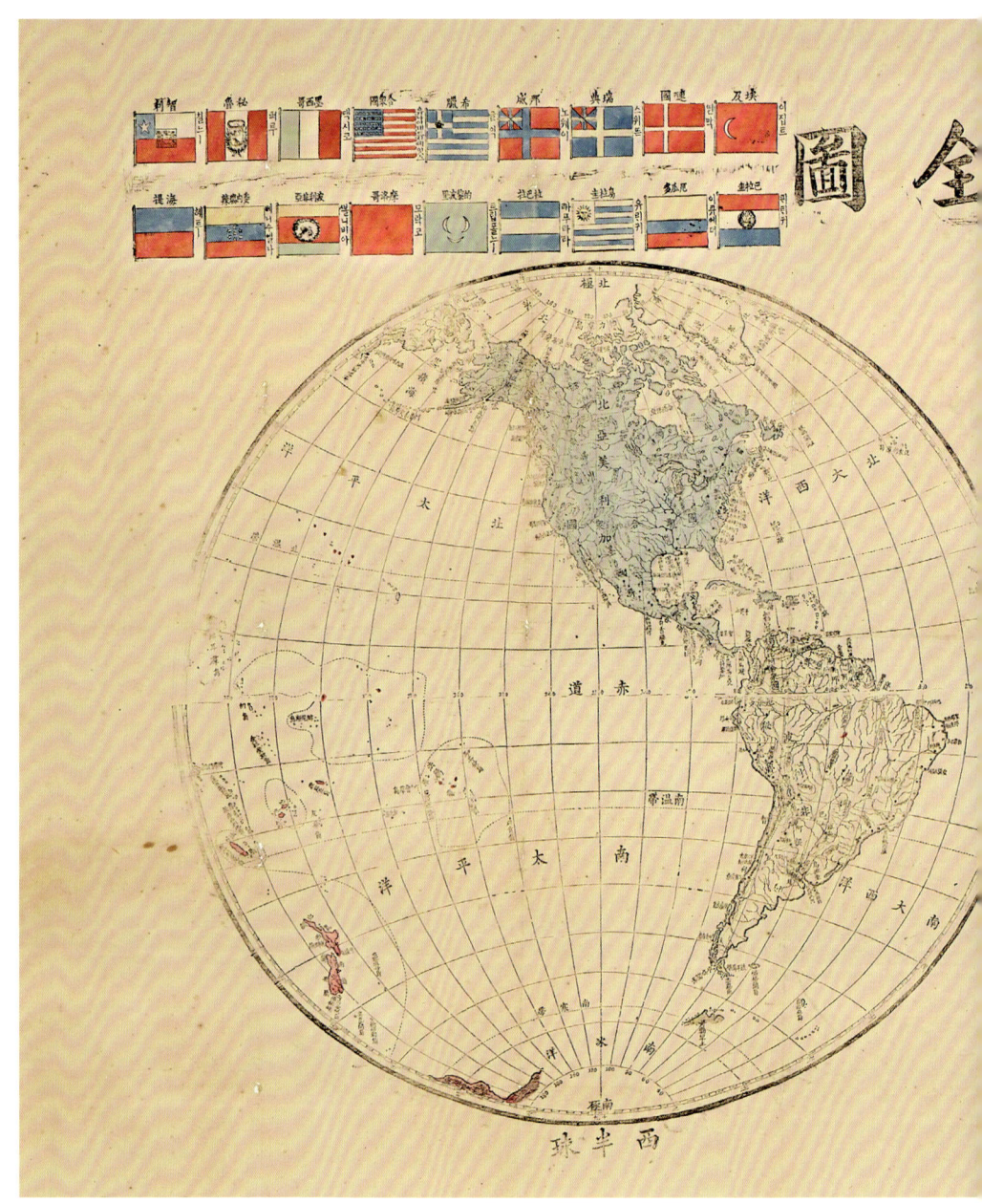

06

세계전도 世界全圖

위백규
1900년, 종이
151.0×95.0

1900년 광무 4년 학부편집국에서 중간된 36개 나라의 국기가 있는 세계지도이다. 목판본을 재인쇄한 것으로, 교육부에서 교재용 혹은 기념품으로 제작한 것으로 보인다. 전 세계를 동반구와 서반구 좌우로 배치하여, 동반구 위에 조선 등 18개국, 서반구 위에 이집트 등 18개국, 총 36개 국가의 국기를 원색으로 수록하였다. 그리고 각 국의 이름을 한자와 한글로 함께 표기하였다.

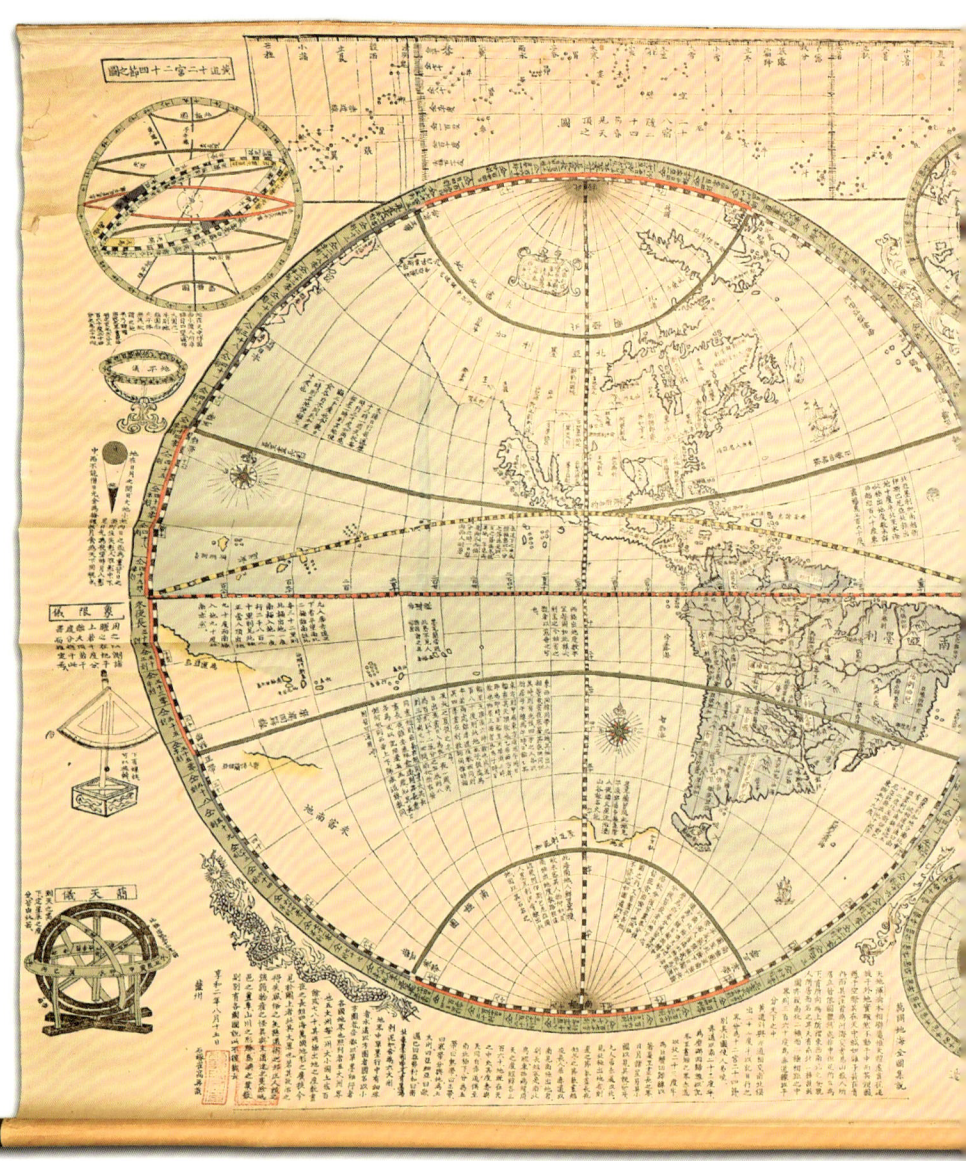

07

원구만국지해전도 圓球萬國地海全圖

이즈시카 사이코
일본, 1802년, 종이
210.0 x 113.0

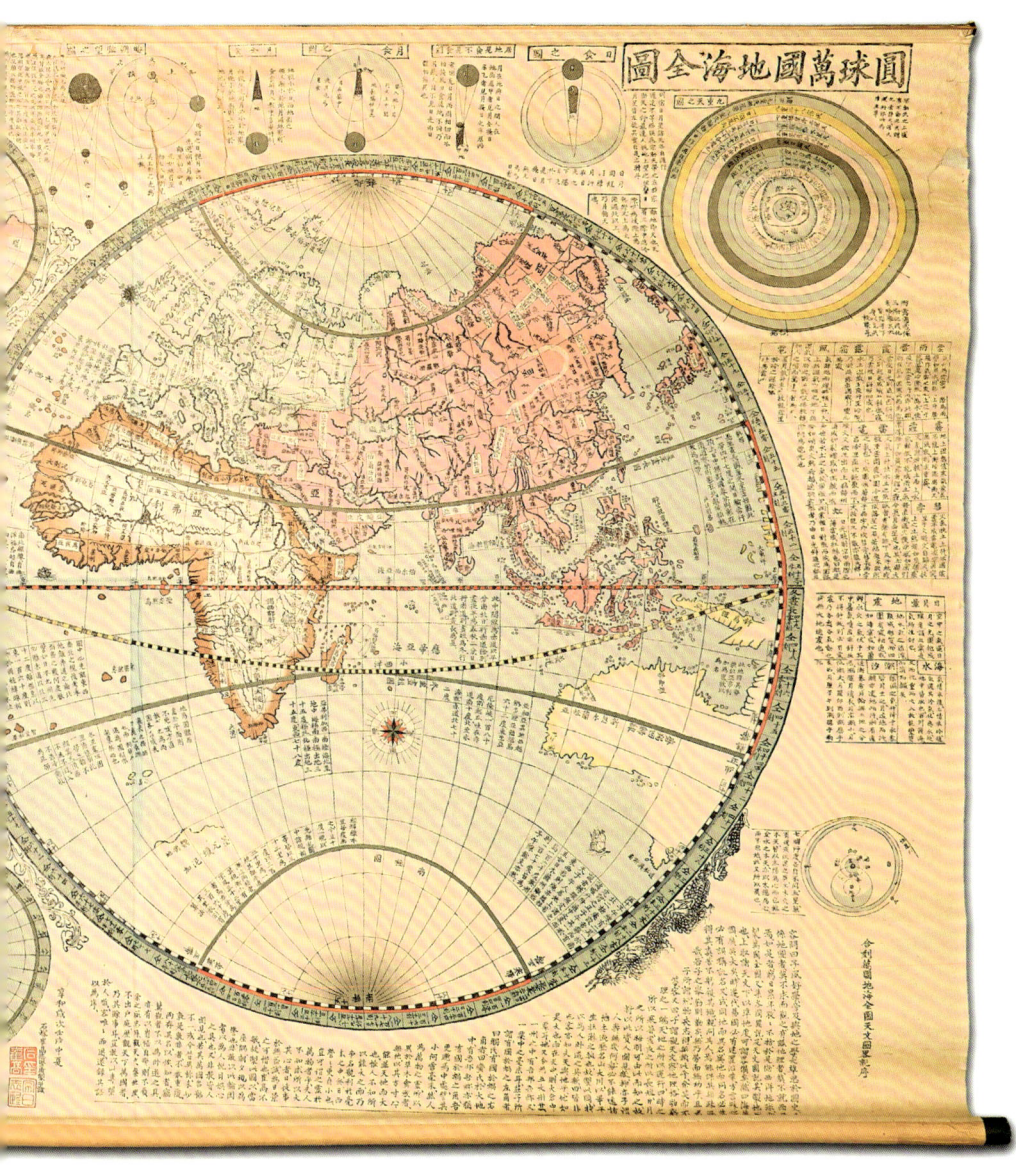

일본 사쓰마번 출신으로 지리학과 천문학을 연구한 이즈시카 사이코 石塚崔高가 그린 세계지도이다. 이 지도는 18세기 초 프랑스 지도를 번안飜案한 것으로 추정되며, 북아메리카 대륙의 캘리포니아가 한 덩어리의 섬으로 되어있고, 뉴기니와 호주 대륙은 이어서 그렸다.

지도 좌측에는 황도 12궁 24절기 그림과 지평의地平儀, 천체 고도 측정기인 상한의象限儀, 혼천의渾天儀를 간이화한 간천의簡天儀 등의 천체 도구를 그려 넣었다. 그리고 지도 상단에는 일식, 월식, 해와 달, 오행성 등의 운행을 설명하는 구중천도九重天之圖 등을 그려 넣었다.

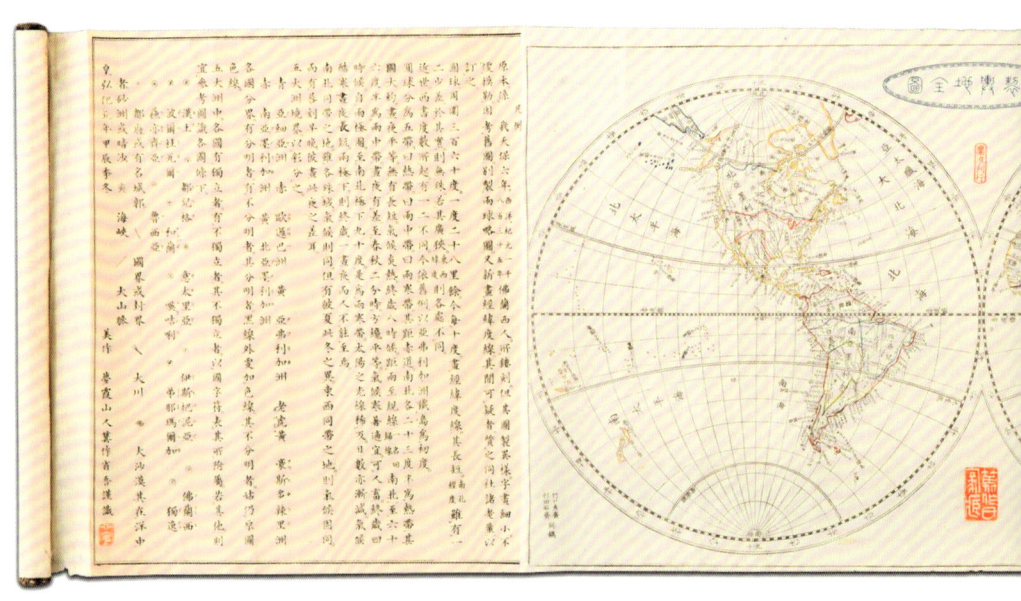

08

신제여지전도 新製輿地全圖

미쓰쿠리 쇼고
일본, 1844년, 종이
140.7×44.8

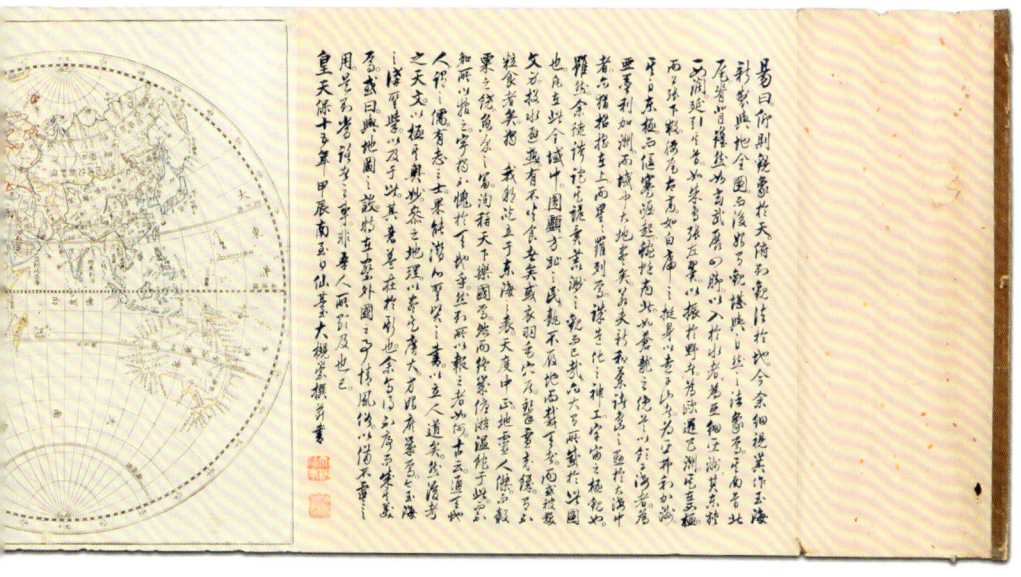

프랑스인이 만든 세계지도를 바탕으로 19세기 일본의 저명한 학자인 미쓰쿠리 쇼고 箕作省吾가 제작한 세계지도이다. 전 세계를 동반구와 서반구로 나누고, 동반구는 북아메리카와 남아메리카를, 서반구는 아시아와 아프리카, 유럽과 오세아니아를 표기하였다. 하지만 이는 현재 통용되는 지도와는 상반되는 형태이다. 또한, 동해를 조선해朝鮮海로 표기하였고, 일본의 동쪽 바다를 대일본해大日本海로, 태평양은 대동양大東洋으로 표기하였다. 이는 일본 스스로가 동해를 우리나라 바다임을 인정한 귀중한 자료로 평가된다.

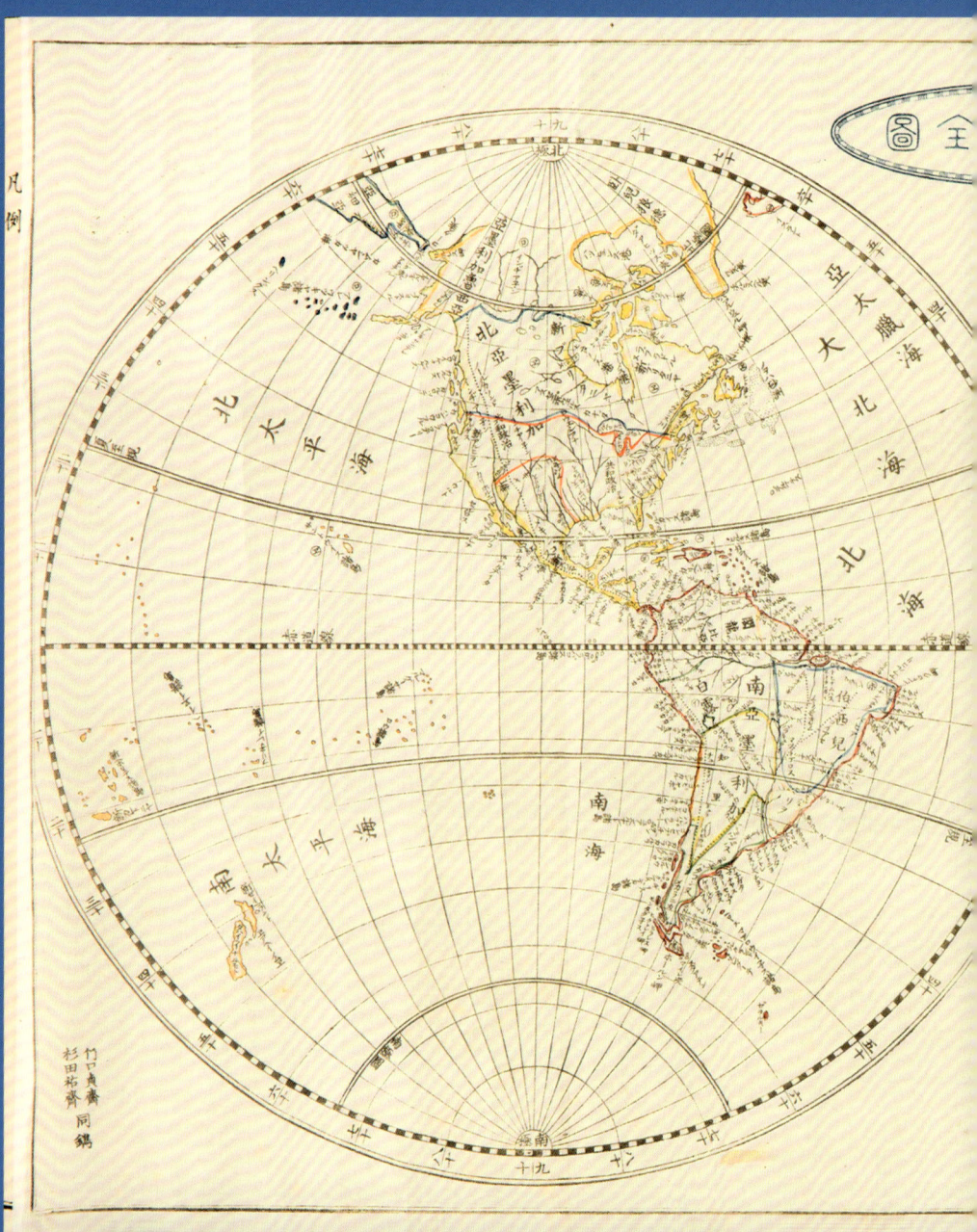

세계 및
동아시아 지도

●

2. 동아시아 지도

우리 조상들은 밀접하게 교류하고 중요하게 여긴 주변 나라에 대한 지도를 많이 남겼다. 특히, 우리나라와 밀접한 위치에 있는 중국과 일본의 지도를 많이 그렸는데, 이는 주변 국가에 대한 존재를 인식하고 확인하는 하나의 방법이었다.

09

대마도지도 對馬島之圖

18세기 후반, 종이
19.5×30.2

18세기 후반 조선통신사가 사행시 사용, 혹은 제작한 것으로 추정되는 대마도지도이다. 이전에 조선에서 제작된 대마도지도보다 세밀하게 그려져 있다. 포구를 이어주는 연안의 항로를 붉은색으로 표시하고, 소도佐渡,卒土, 와니우라鰐浦,鰐浦, 이즈하라 부중,府中 등 각 포구에는 포구의 방향을 전통 좌향으로 표기하였다. 또한, 마을에 따라 색을 달리하여 구분하였고, 주요 지명을 표기하였다.

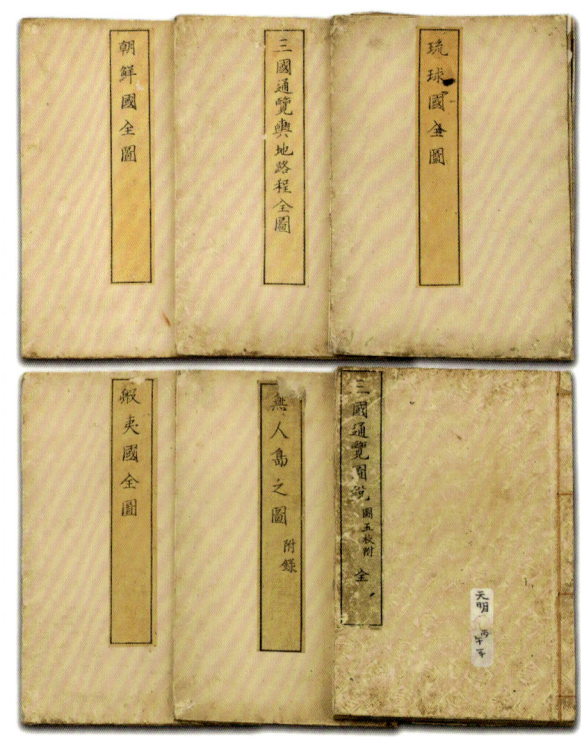

10

삼국통람도설 三國通覽圖說

하야시 시헤이
일본, 1786년, 종이
17.9 × 26.7 × 1.2

하야시 시헤이林子平는 일본 에도시대 후기의 대표적인 경세가, 사상가이자 지리학자이다. 1772년 북쪽의 에조현재 홋카이도지역을 여행했고, 1775년, 1777~1778년, 1781년 등 세 차례 나가사키로 유학하여 신학문을 접했다. 나가사키의 동인도회사 네덜란드 총책임자상관장商館長 헤이트Arent Willem Feith에게서 러시아의 남하 계획을 듣게 되었고, 일본의 안위를 걱정하며 인접국과의 국경과 형세를 알 수 있는『삼국통람도설三國通覽圖說』,『해국병담海國兵談』등을 저술하였다.『삼국통람도설』에는 조선, 일본, 유구국과 무인도의 역사와 풍속 등이 간략히 서술되어 있다. 이 책은 5장의 지도를 함께 발행하였는데, 이 지도는 각각 삼국통람여지노정전도, 조선국전도, 유구국전도, 하이국전도, 무인도지도이다. 일본을 둘러싼 주변국 간의 경계와 형세를 한눈에 볼 수 있게 만든 지도로서 삼국접양지도라고도 불린다.

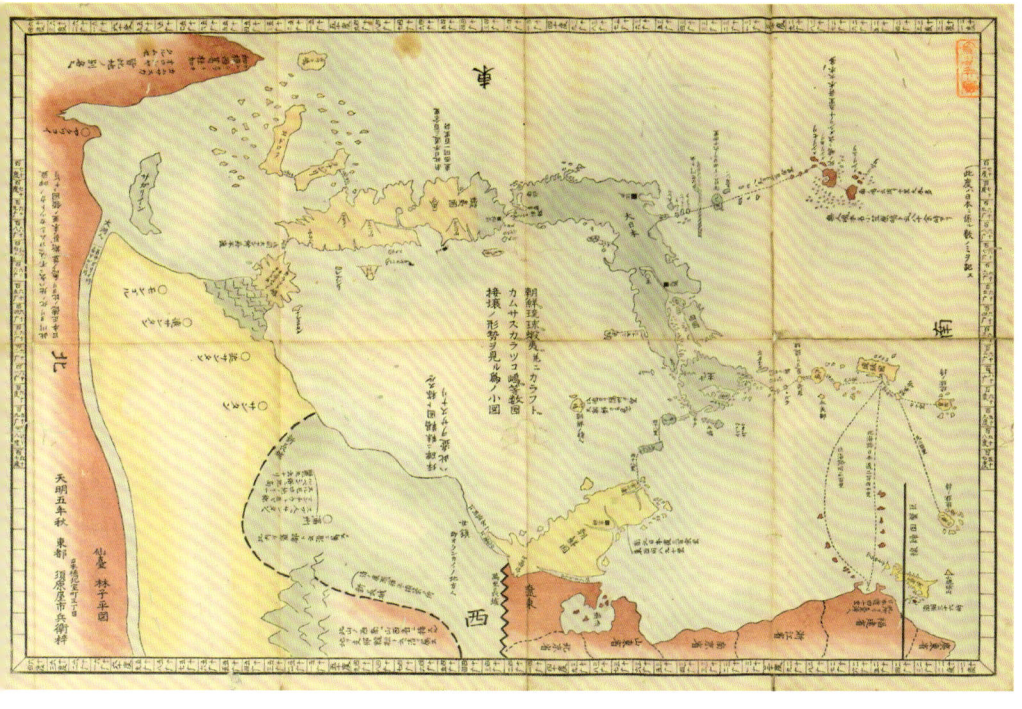

10-1

삼국통람여지노정전도 三國通覽輿地路程全圖

하야시 시헤이
일본, 1785년, 종이
96.3 x 54.2

일본에서 제작된 독도와 관련된 고지도 중 독도가 우리나라의 영토임을 보여주는 가장 오래된 지도이다. 우리나라와 일본이 각각 노란색과 녹색으로 칠해져 구분되어 있고, 실선으로 영토를 구분하였는데, 울릉도와 독도는 우리나라와 같은 색인 노란색으로 채색하였다.

朝鮮琉球蝦夷并ニカラフト
カムサスカラツコ嶋等数国
接壌ノ形勢ヲ見ル為ノ小図
蝦夷国
大日本
江戸
京
大坂
四国
九州
平戸
五嶋
四十八里
四十八里
此嶋ヨリ隠州ヲ望
又朝鮮ヲモ見ル
朝鮮ノ持
釜山浦
京城
朝鮮国
南北日本道三百余里
東西同八十里
女鎮
即オランカイノ地方ト
萬里長城
遼東
渤海
西

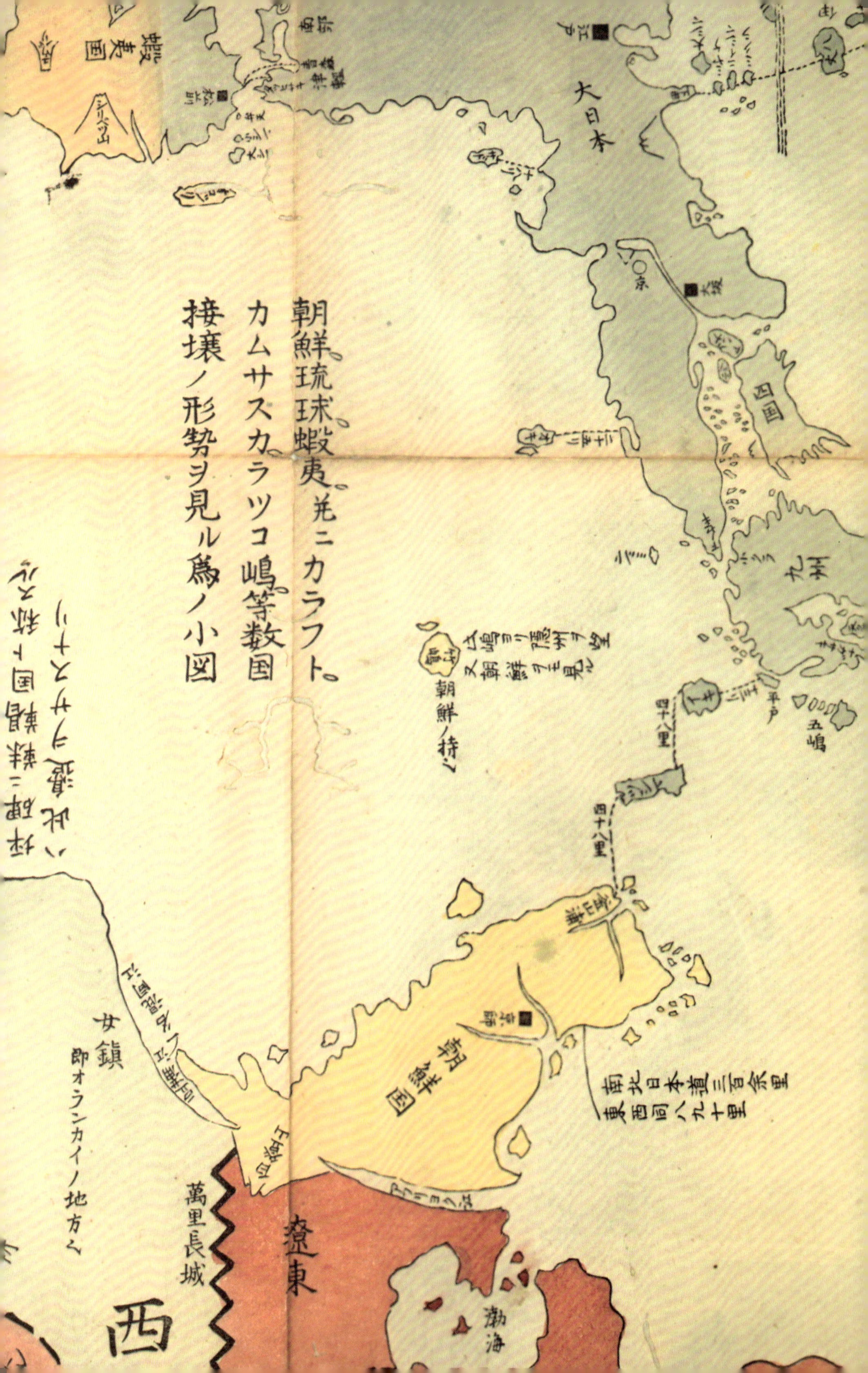

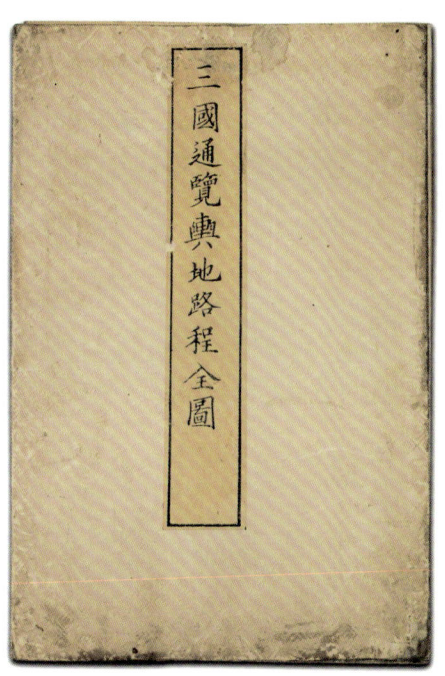

동해 가운데에 죽도竹島라고 쓴 큰 섬울릉도과 그 동쪽에 명칭이 표기되지 않은 작은 섬이 하나 그려져 있다. 당시 일본에서 울릉도를 죽도라고 불렀으므로, 이 두 섬은 울릉도와 독도이다.

이 두 섬은 우리나라와 같은 노란색으로 표시하고, 일본은 녹색으로 칠해져 있다. 죽도라고 쓴 울릉도 옆에 "조선 소유인 두개(섬)朝鮮ノ持之"이라 기록되어 있어, 울릉도와 독도를 우리나라의 영토로 인식하고 있었음을 알 수 있다. 아래쪽에는 '이 섬에서 은주오키섬가 보이고, 또 조선도 보인다.此島ヨリ隱州ヲ望ミ又朝鮮ヲモ見ル' 라는 내용이 기록되어 있다.

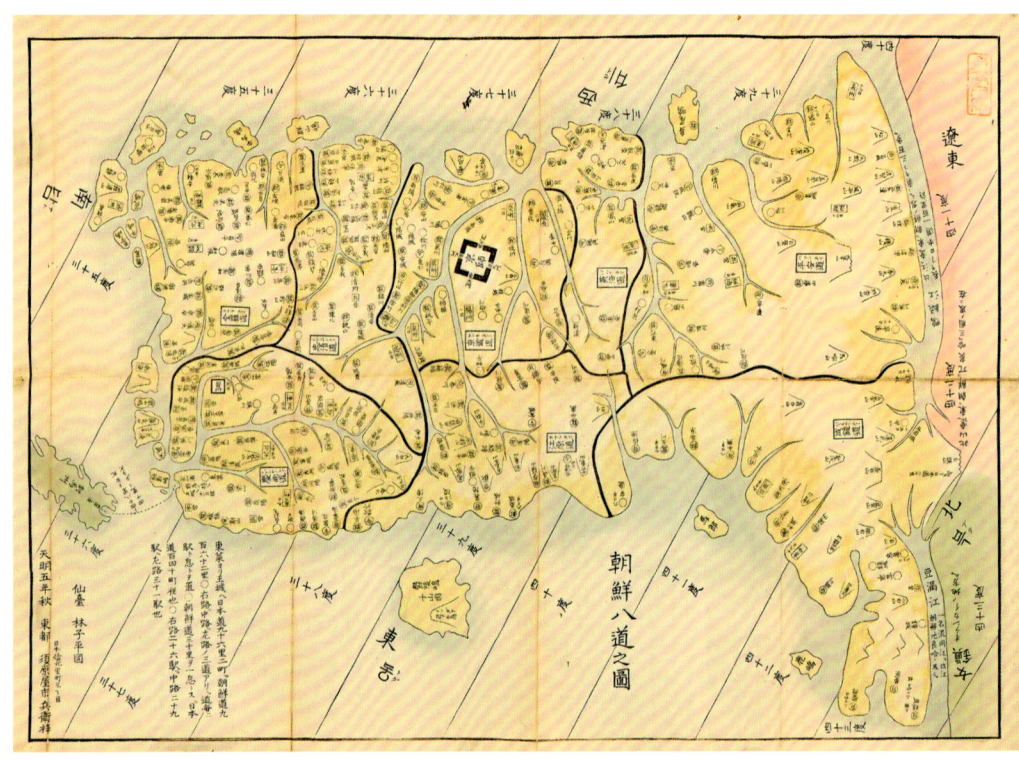

10-2

조선팔도지도 朝鮮八道之圖

하야시 시헤이
일본, 1785년, 종이
76.1×54.2

팔도를 굵은 선으로 구분하였고 주요 도시, 산, 강에 각각 이름을 표시하였다. 위도 선을 긋고 각 위치마다 거리를 기록했으며, 서울을 경사 京師로 표기하였다. 부산포, 절영도 絶影島, 현재 부산 영도 등의 위치가 표시되어 있으며, 동해에 울릉도 鬱陵島와 우산국 于山國을 함께 표기하였다.

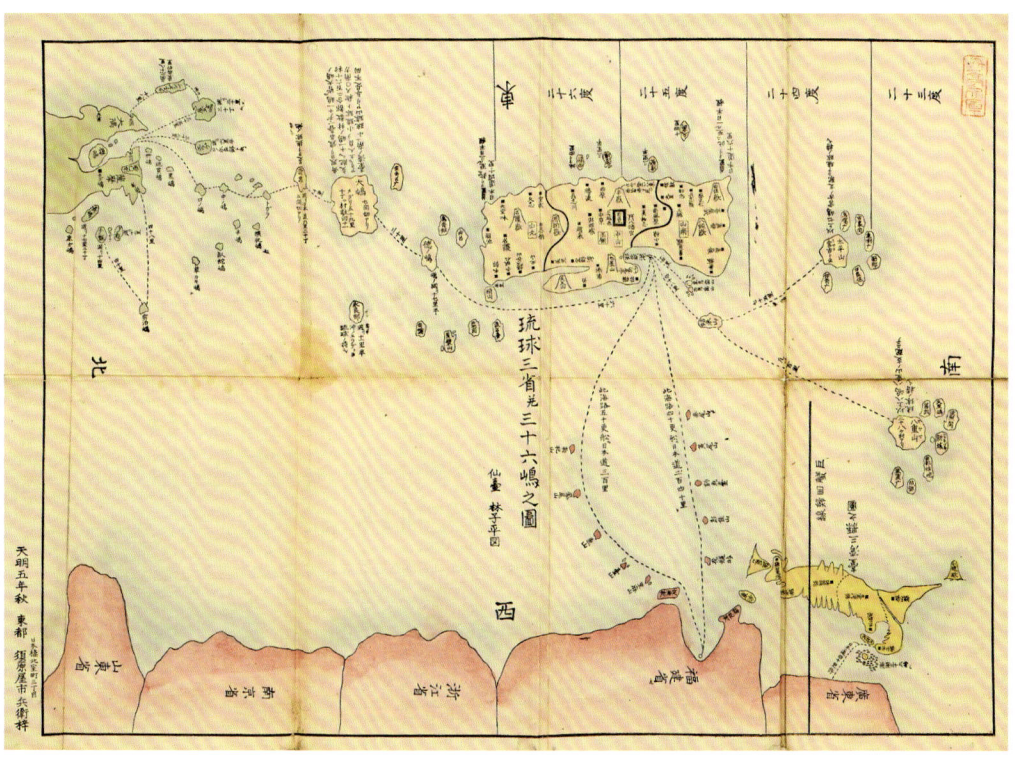

10-3

유구국전도 琉球國全圖

하야시 시헤이
일본, 1785년, 종이
77.3×27.4

유구는 오늘날의 일본 오키나와 현에 있던 왕국이며, 유구국을 그린 지도이다. 1429년에 등장한 이 왕국은 오키나와의 중심지인 나하^{那霸} 동쪽의 슈리^{首里}를 도읍지로 삼았다. 또한, 유구는 중국과 일본 간의 해상 교역에서 중요한 역할을 하였다. 조선 전기에는 유구에서 사신을 여러 차례 보내 조선과의 물자를 교환하기도 하였다.
유구삼성병삼십육도지도^{琉球三省幷三十六島之圖}로 유구의 3개 성^省과 36개의 섬을 그려놓았다. 각 섬 사이의 거리와 위도를 정확히 표시해 놓았으며, 주위의 다른 나라와 색깔을 구분하고, 그 사이의 거리도 표시해 놓았다.

蝦夷国全圖
仙臺 林子平図
東
西
北
南

無人嶋大小八十余山之図
一名小笠原嶋ト云
東
西
南
北

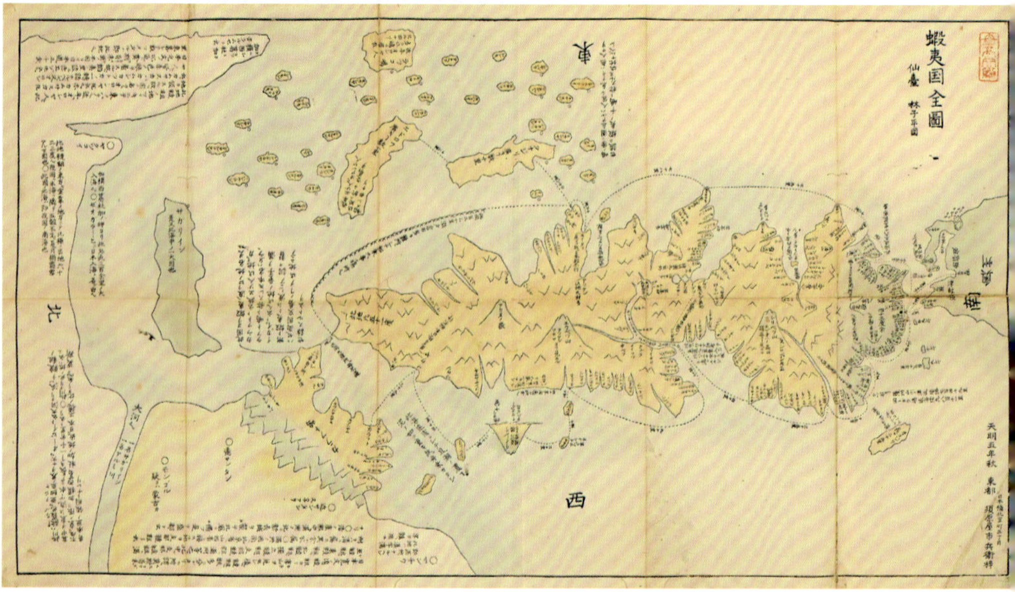

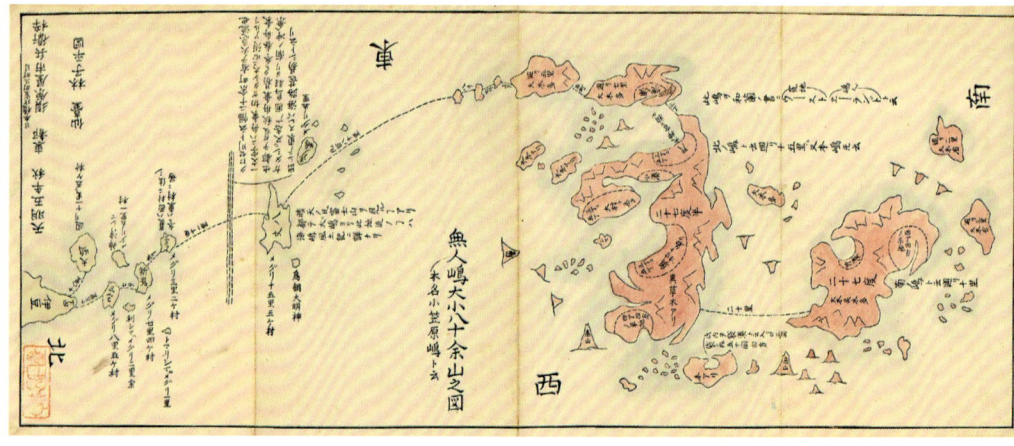

10-4

하이국전도 蝦夷國全圖

하야시 시헤이
일본, 1785년, 종이
96.0×54.2

하이蝦夷는 지금의 북해도를 말하며, 이 지도는 하이국에조국의 전도이다. 이 지도는 하야시 자신이 소장하던 지도와 1720년 아라이 하쿠세新井白石가 저술한 『하이지蝦夷志』 등을 참고하여 작성하였다. 그의 지도는 모두 확실한 근거에 의거하여 작성한 것임을 『삼국통람도설』 서두에 기술해 놓았다. 각 지역과 산의 이름을 써 놓았고, 해안선마다 각각 그 명칭이 기재되어 있으며, 섬 마다의 거리를 기록해 놓았다.

10-5

무인도지도 無人島之圖

하야시 시헤이
일본, 1785년, 종이
66.0×27.1

당시 무인도였던 오가사와라 제도*에 대한 모습과 설명을 기록한 지도이다. '무인도의 크고 작은 80여개의 산을 그린 지도無人嶋大小八十余山之圖'라고 적혀있으며, 원래 이름은 소립원이라 표기하였다. 또한, 각 섬마다 간략하게 서술을 적어 두었는데, '큰 나무가 많다大木多', '산이 높다高山' 등 섬의 특징을 기록하였다.

---

*오가사와라 제도 : 소립원小笠原, 일본 남부 태평양 1,000km 지점의 80여개 군도이다.

11

일로청한명세신도 日露淸韓明細新圖

일본, 1903년, 종이
78.0×54.3

일본 육·해측량부에서 아시아와 유럽, 아프리카까지 정확한 척도로 세밀하게 제작한 지도이다. 이 지도의 동해 부분에는 우리나라와 일본의 영토 경계가 표시되어 있는데, 일본 측에서 일컫는 죽도 竹島,울릉도와 송도 松島,독도를 우리나라의 영토에 속하는 것으로 표시하였다. 독도와 오키隱岐섬을 중심으로 같은 거리에 한·일 양국의 국경선을 그어 당시 일본 정부가 독도를 우리나라의 동쪽 끝으로 인정했음을 보여준다. 당시 이 지도를 소유했던 일본인이 대륙을 횡단하면서 지나온 경로를 지도에 붉은색으로 표시하였다.

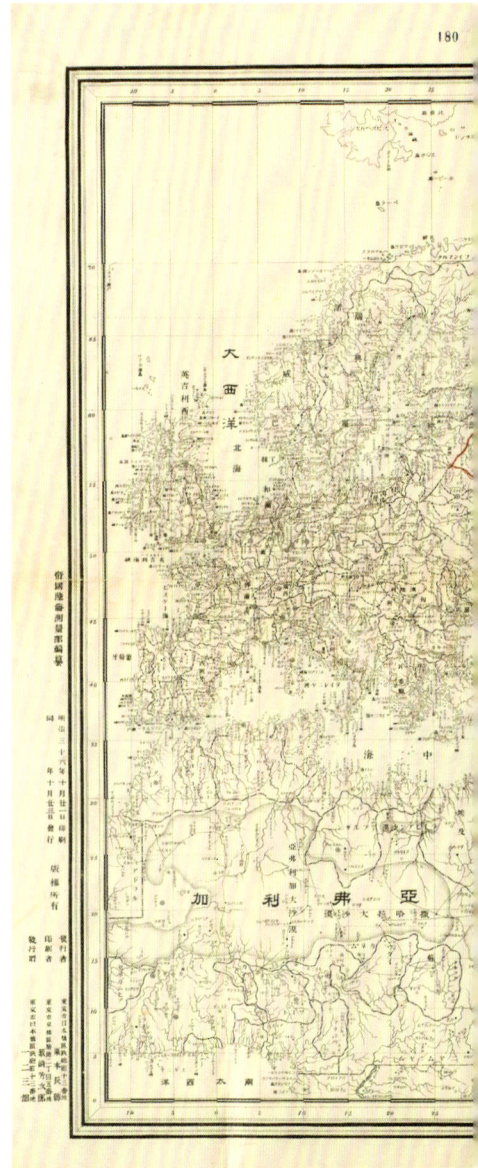

日露清韓明細￼

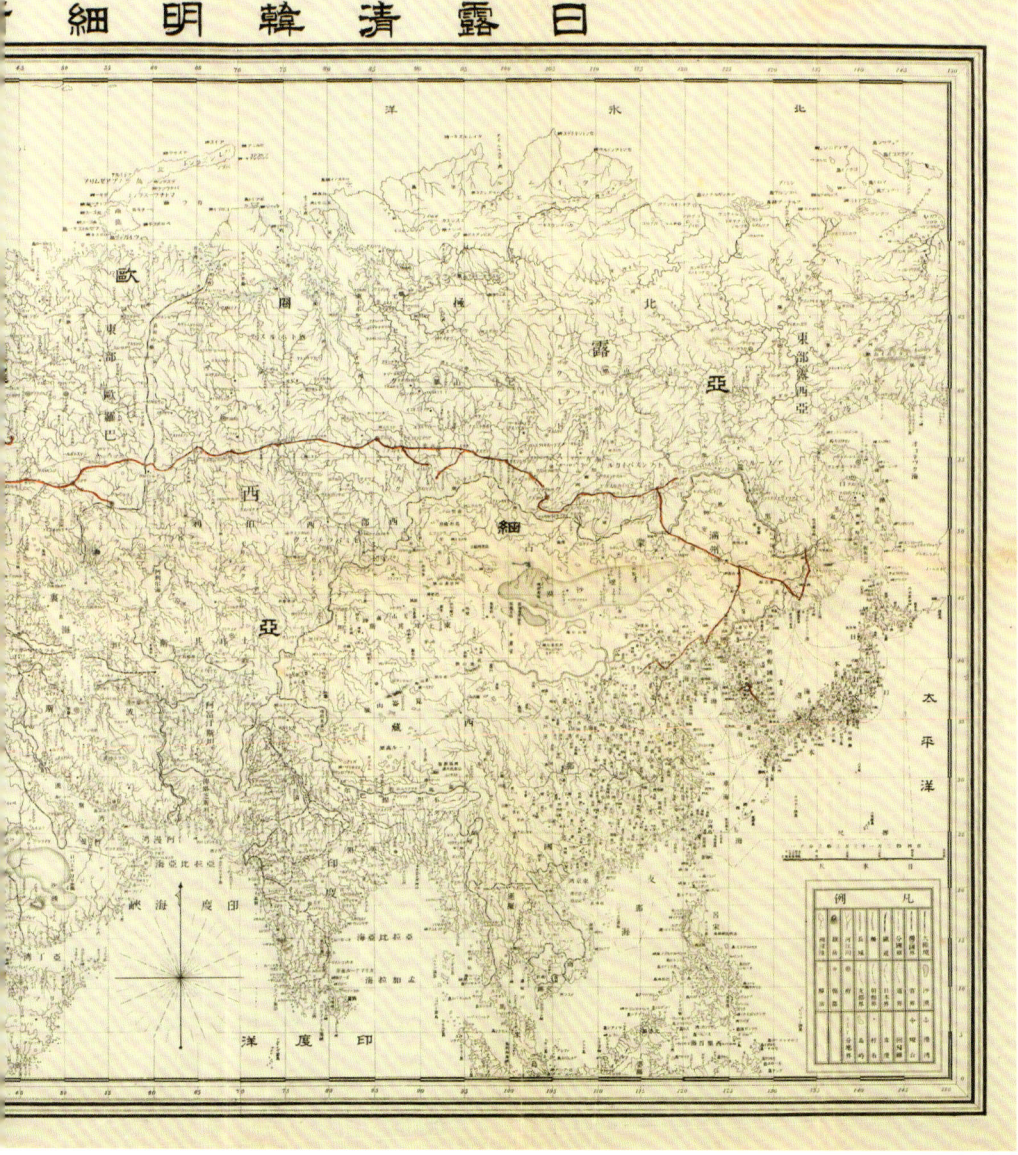

12

개정일본여지노정전도 改正日本輿地路程全圖

나가쿠보 세키스이
일본, 1791년, 종이
132.0x84.0

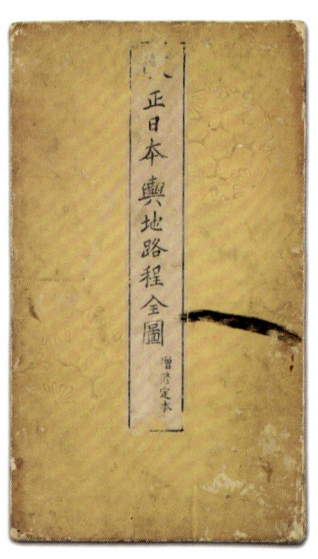

경위선 안에 일본을 최초로 표현한 일본 전도이다. 이 지도는 일본 에도시대 한학자漢學者이자 지리학자인 나가쿠보 세키스이長久保赤水가 1773년에 제작하였다. 18세기 후반에 제작되어 19세기 중반까지 여러 차례 재간행 되었고, 오늘날 한일 간의 독도 영유권 문제와 관련하여 논쟁의 여지가 큰 지도로 인식되고 있다.
울릉도와 독도 부분을 따로 확대하여 선명한 이미지로 보여 주고, 울릉도竹島, 독도松島에 각 각 명칭을 붙였다. 일본을 제외한 지역은 채색을 하지 않았는데, 독도와 울릉도 역시 우리나라처럼 채색을 하지 않고 경위선 표시 위에도 두지 않아, 독도를 자신들의 영토로 인식하지 않았음을 보여준다.

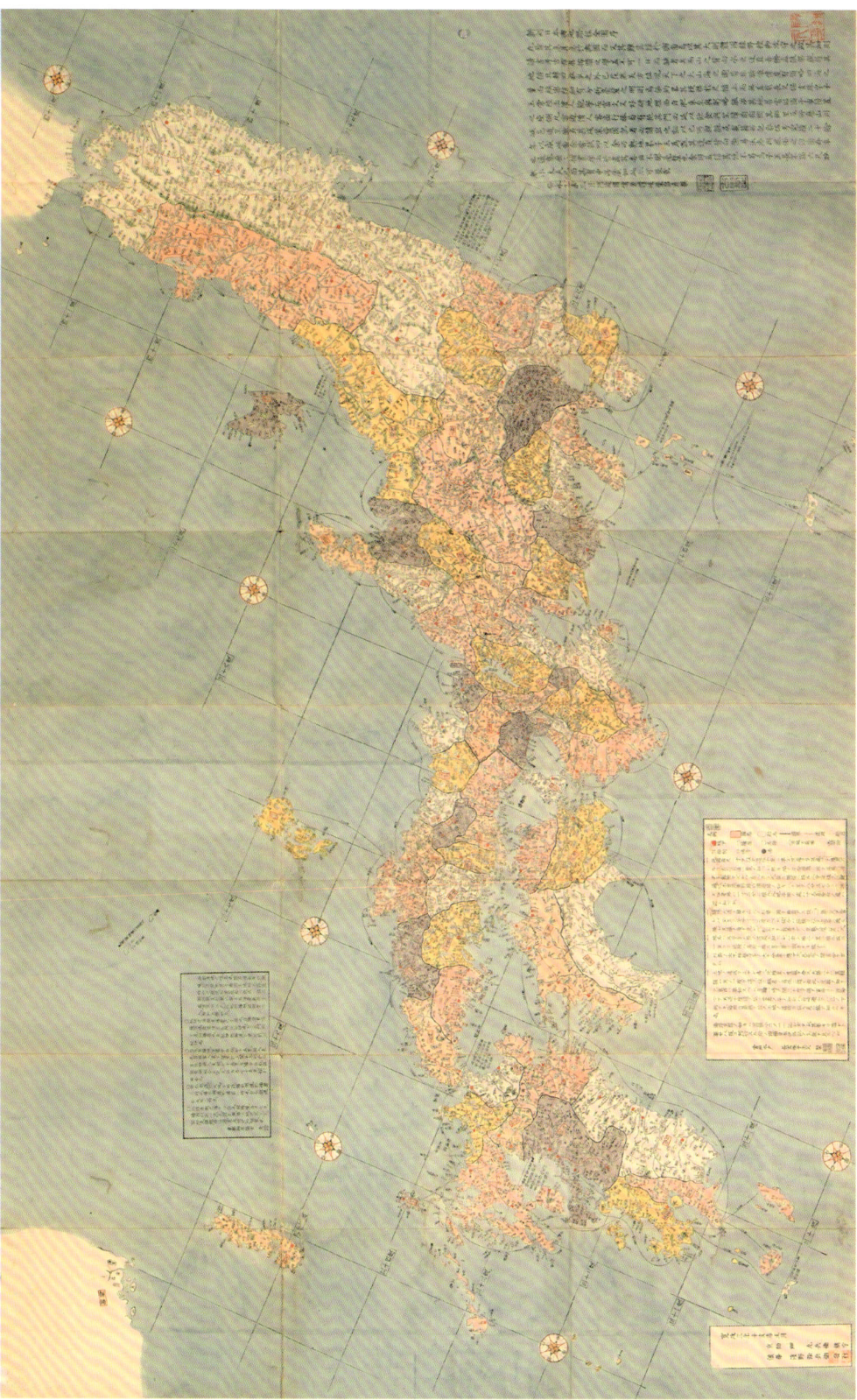

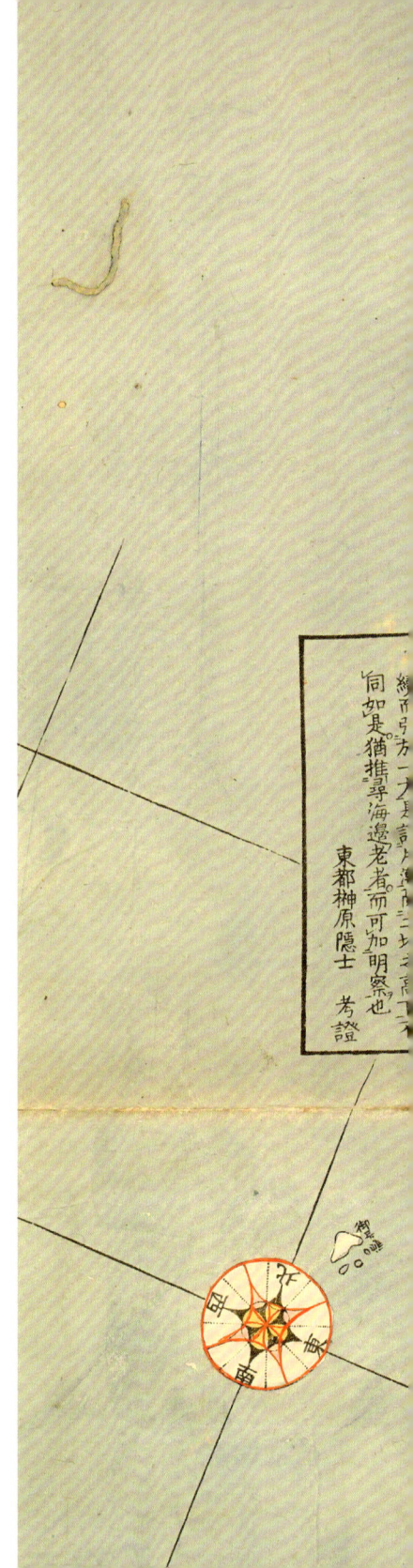

'고려를 보는 것은 운주에서 은주를 바라보는 것과 같다.見高麗猶雲州望隱州'라는 문구가 울릉도 오른쪽에 기록되어 있다.

은주隱州는 현재의 오키섬을 말하며, 운주雲州는 이즈모국, 현재 시마네현의 일부인 이즈모를 말한다. 이 문구는 1667년 이즈모 지역 번사藩士였던 사이토 호센齋藤豊仙이 2개월 동안 오키섬을 다니면서 직접 보고 들은 것을 기록한 「은주시청합기隱州福恵合記」에 나오는 '見高麗如雲州望隱州'라는 문구와 관련이 있다. 당시 일본의 서북쪽 한계를 오키섬隱州으로 하고 있어 독도와 울릉도를 일본 영토로 여기지 않음을 보여준다.

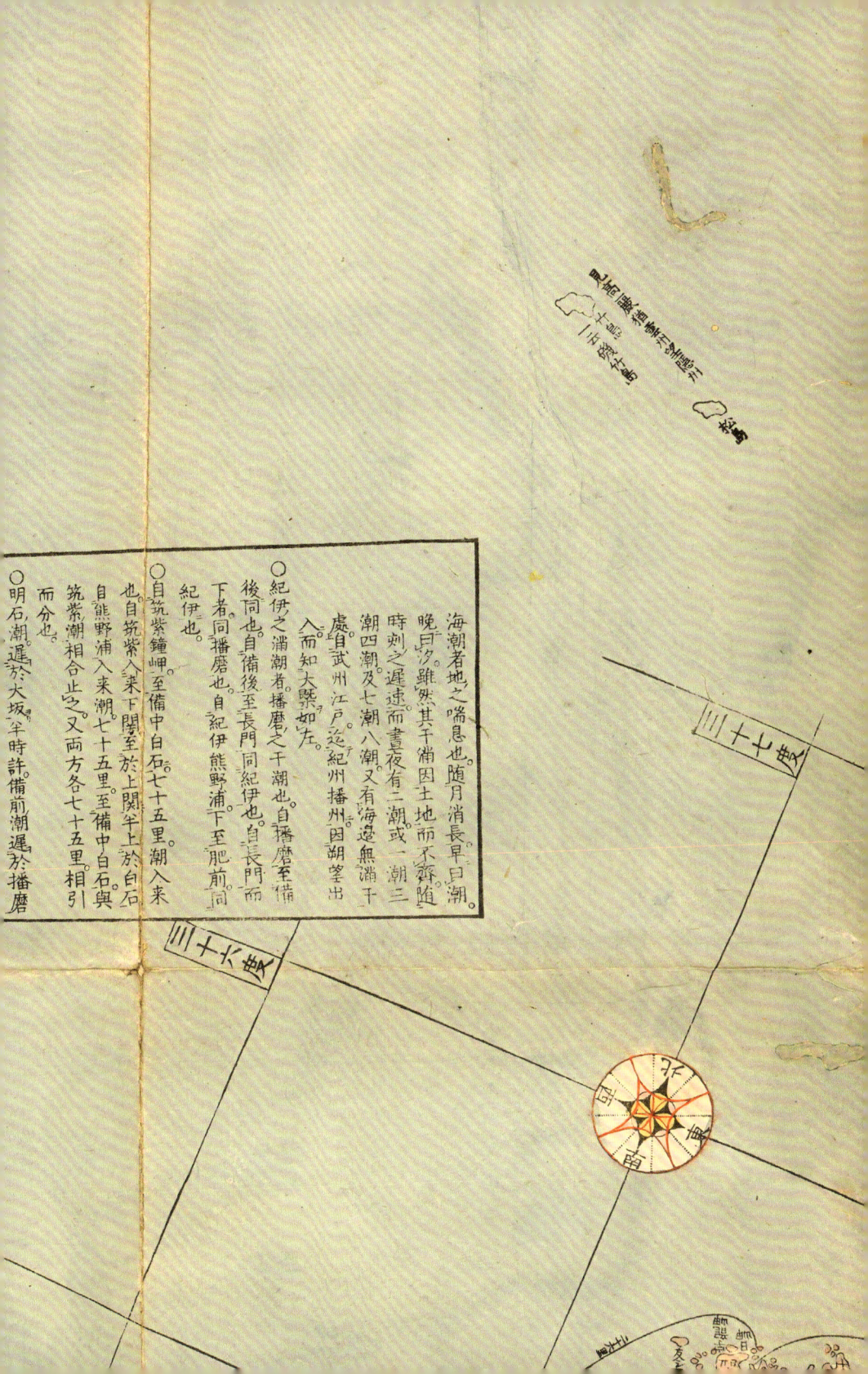

○明石ノ潮遅於大坂、半時許備前ノ潮遅於播磨而分也。

○自筑紫鐘岬至備中白石七十五里、潮入来也、自筑紫入来下関至於上関半于白石与筑紫ノ潮相合止之、又両方各七十五里相引而分也。自熊野浦入来潮七十五里、至備中白石与

○紀伊之満潮者播磨之干潮也、自播磨至備後同也、自備後至長門同紀伊也、自長門而下者同播磨也、自紀伊熊野浦下至肥前同紀伊也。

○紀伊之満潮者、自播磨至備後同也、自備後至長門同紀伊也、自長門而下者同播磨也、自紀伊熊野浦下至肥前同紀伊也。

處、自武州江戸迄紀州播州因湖至出入而知大繁如左。

潮四潮及七潮、八潮又有海辺無満干時刻之遅速、而書有夜二潮或一潮三

海潮者地之喘息也、随月消長、旦潮晩同夕、雖然其干満因土地而不斉随

조선지도

1. 조선전도

우리나라 전체를 그린 조선전도는 각 지역의 지리 정보, 고을의 위치 및 명칭 등을
표시하였고, 목적에 따라 다양한 형태로 제작되었다.
이를 통해 우리는 그 당시 선조들의 세계관과 지도제작 기술,
예술성을 엿볼 수 있다.

13

한글조선전도 朝鮮 全圖 `부산광역시 유형문화재 제200호`

18세기 이전, 종이
63.0×102.5

현재까지 한글로 쓰여진 지도 중 가장 이른 시기의 지도로 추정되는 조선전도이다. 안음 安陰, 경남 함양군 안의면 옛 지명이 18세기 이후 안의安義로 바뀌기 전에 제작된 것으로 이 지도의 제작 시기는 18세기 이전으로 추정된다. 이 지도에는 삼각형 형태의 크고 작음에 따라 산의 높이와 산맥을 짐작할 수 있으며, 물길을 따라 지명과 연안의 주요 섬 및 포구가 기록되어 있다. 육로는 그려져 있지 않으며, 모든 물길을 내륙 깊숙히 그려 물길에 따른 이동을 강조하였다. 그리고 울릉도, 우산도獨島, 제주도 등 우리나라의 대표 섬과 함께 대마도가 표기되어 있다.

지도 뒷면에 '경오년 신수庚午年 身數'라고 하여, 경오년의 점괘를 메모하였는데, 경오년은 1750, 1810, 1870, 1930년이다. 지도 뒷면에 썼으므로 지도가 나온 시기는 경오년보다는 이른 시기로 보인다.

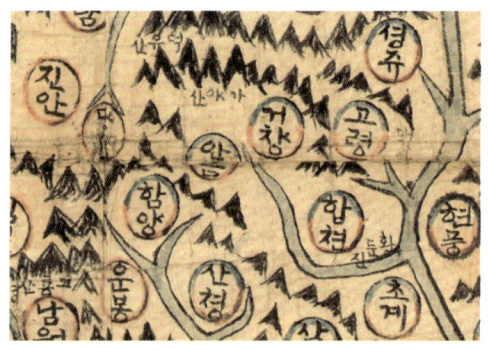

14

조선전도 朝鮮全圖

18세기 이후, 종이
132.5 × 220.4

18세기 이후에 제작된 조선전도로 일정한 비율로 우리나라가 비교적 정확하게 그려져 있으며, 북부 지역과 강의 흐름 등이 세밀하게 표현되어 있다.

중요 지역에는 지지地誌를 적었으며, 우측에는 범례凡例를 상세히 기록하였다. 크고 작은 점과 다양한 기호를 활용하여, 교통로와 마을 및 병영, 수영, 산성, 봉수의 위치를 상세히 나타냈다. 또한, 이러한 기호들은 회화적 기법으로 표시하여 고개나 성곽, 산성 등은 그림을 보아도 알 수 있도록 그려 넣었다. 특히, 지도 하단에는 선박이 다닐 때의 바람의 방향, 기후와 조석을 보는 법 등이 기록되어 있어 해양사 자료로도 가치가 있다.

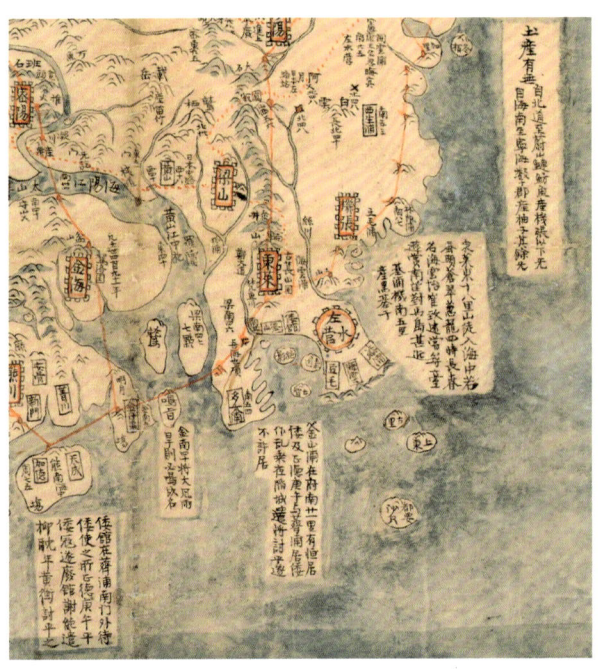

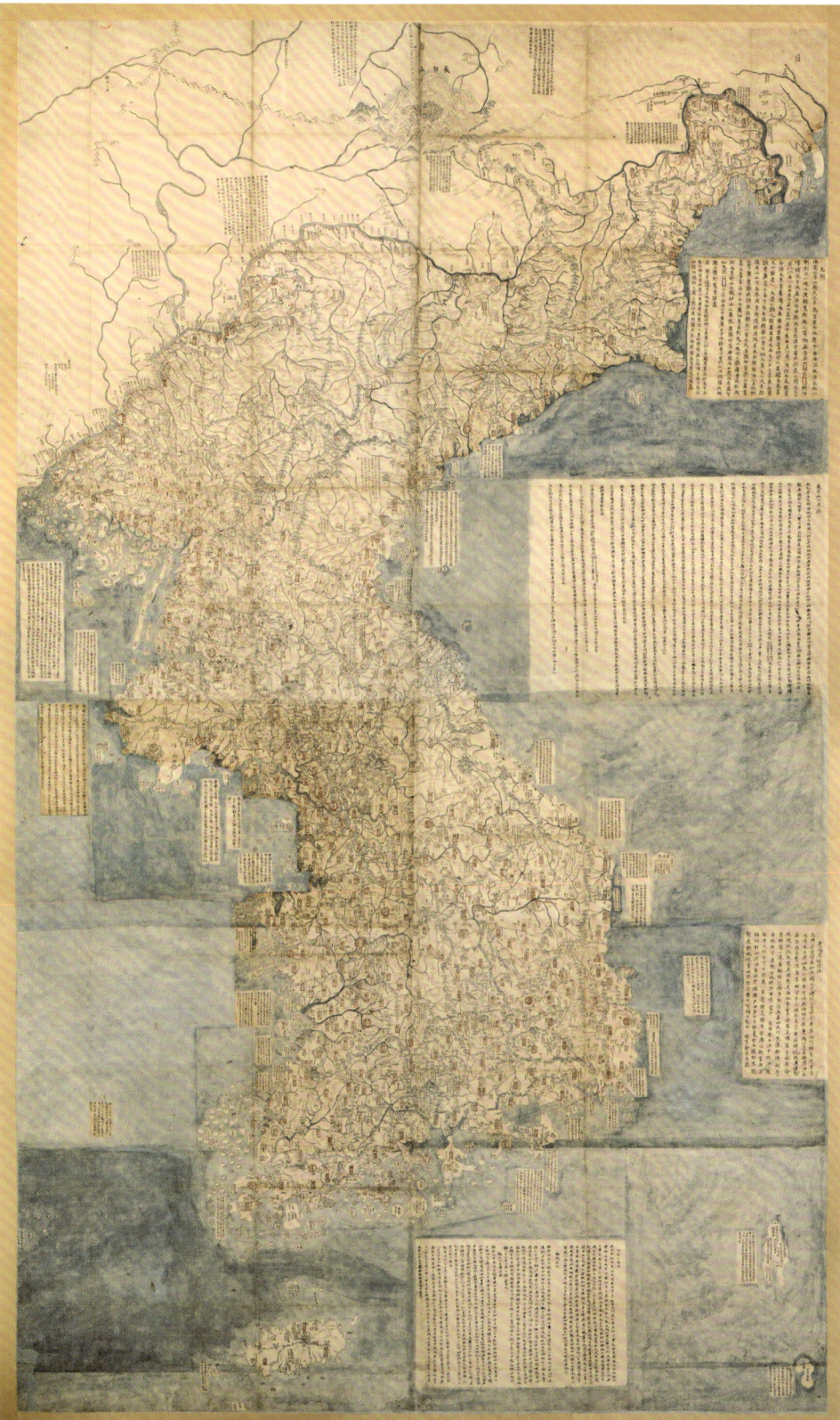

15

환영지 寰瀛誌

위백규
1822년, 종이
19.0×25.5

정조 때 실학자인 위백규魏伯珪는 지도와 지지地誌, 천문, 제도 등을 기록하여 일종의 백과사전 형식의 환영지를 1770년에 저술하였다. 이 책을 1822년 위백규의 종손 위영복 魏榮馥이 목판본으로 간행한 것이다.

우주도와 중국의 13성도 8장, 서양 제국도, 요동도, 북막도, 영고탑도 각 1장, 조선팔도 도 12장, 일본도, 유구도 각 1장 등을 포함하고 있다. 그리고 편집 체재와 방침에 대해 상세히 언급해 놓고 있는 범례가 수록되어 있는 것이 이 책의 특징이다. 조선팔도 총도에서는 독도를 울릉도보다 크게 표기하여 독도의 존재를 강조하고 있다. 그리고 이 지도에서 독도 옆에 표기된 이도夷島는 일본의 북해도를 말하는 것으로 '일본에 속하며 이들은 야인에 가깝다.'고 서술하고 있다.

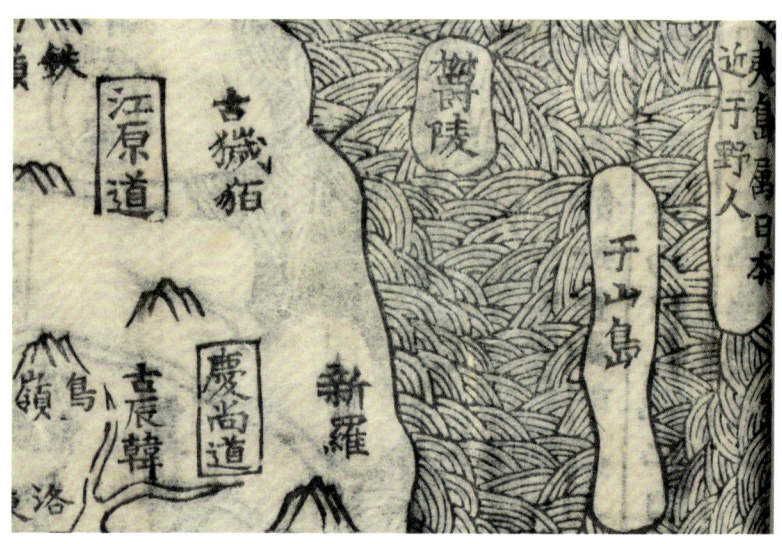

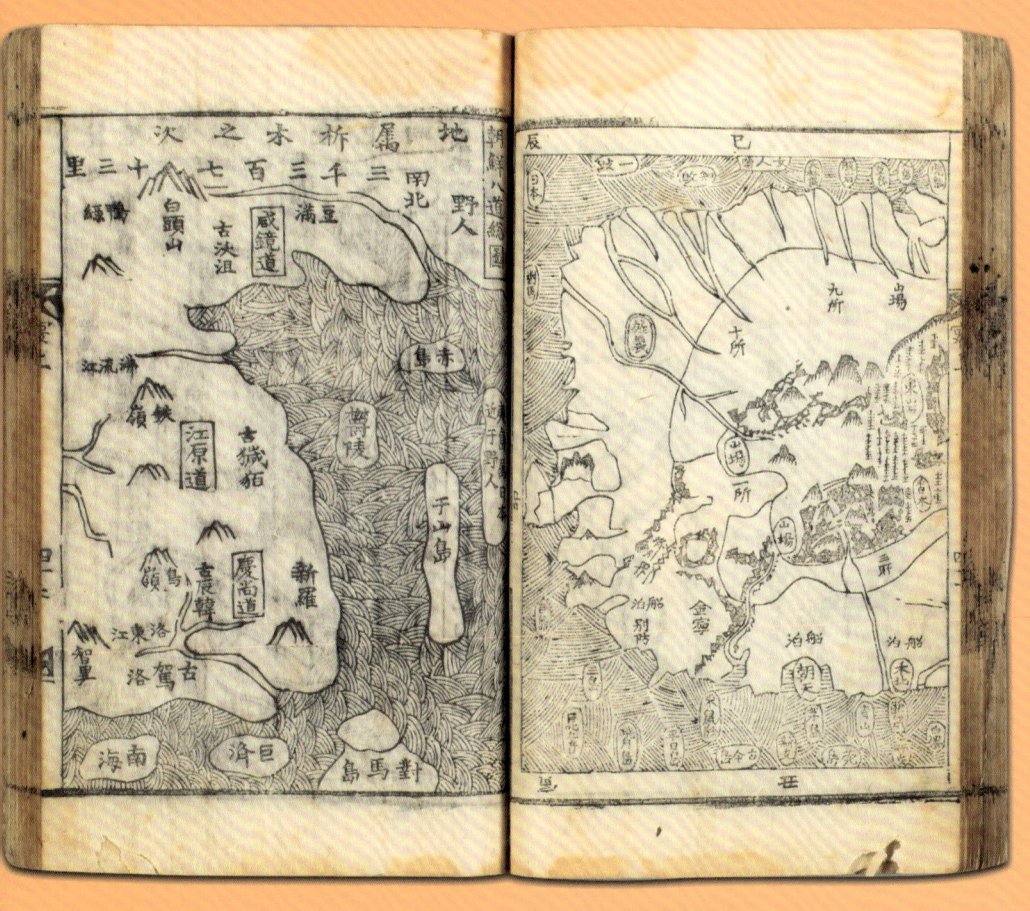

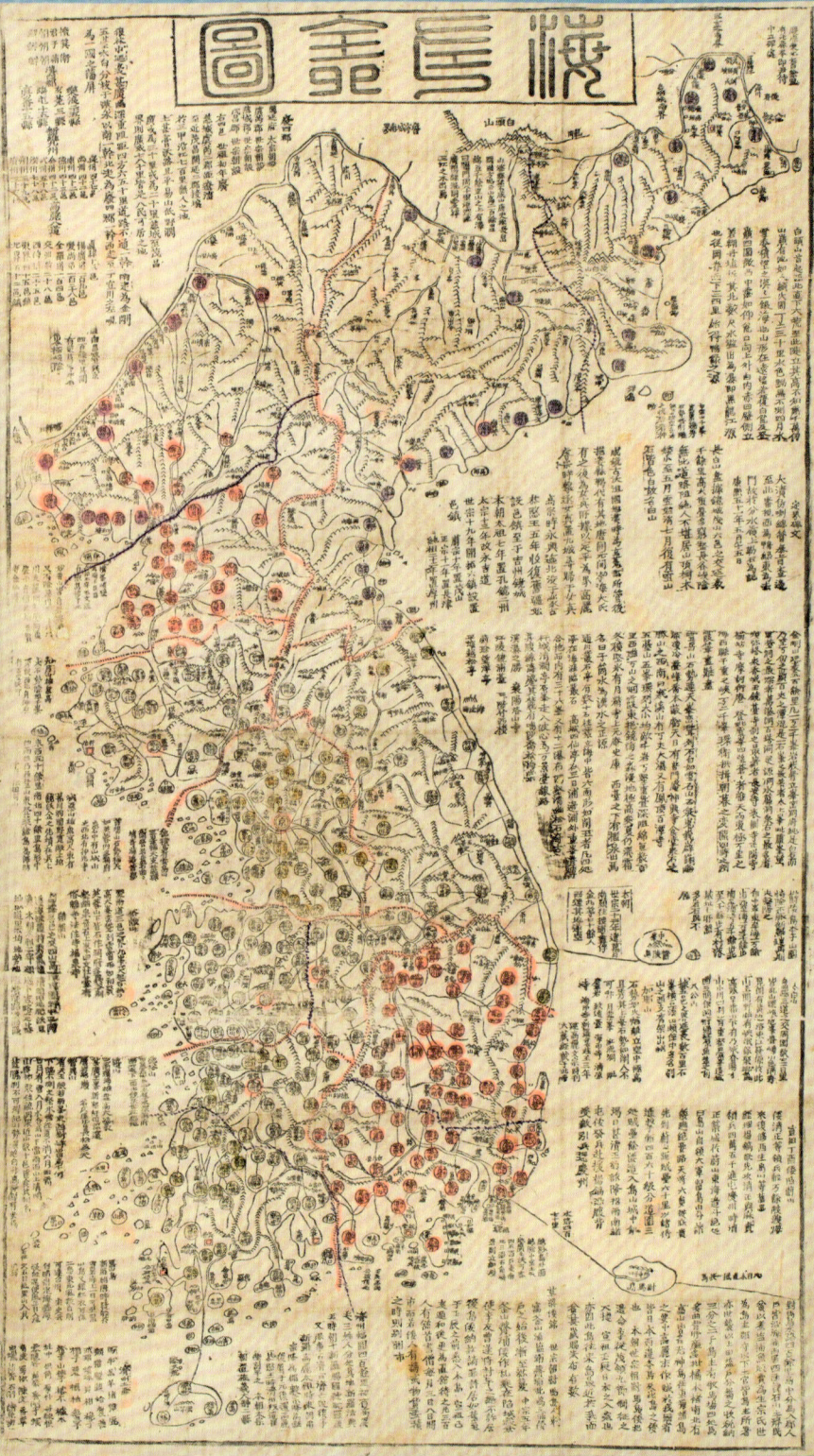

16
해좌전도 海左全圖

19세기 중반, 종이
70.4×160.5

19세기 중반 제작된 조선전도이다. 이 시기에는 조선전도에 대한 수요가 많아 지도 보급의 대중화가 이루어졌다. 그래서 이 지도는 세 종류나 되는 판본으로 제작되었고, 인쇄본을 베껴 그린 필사본도 다수 남아있다. 해좌海左나 해동海東, 동국東國은 중국의 동쪽에 있는 우리나라를 가리키는 별칭으로 전국지도의 이름에 자주 사용되었다. 지도의 전체적인 형태는 정상기의 동국지도와 비슷한 형태이며, 산, 하천, 호수, 섬 등의 자연적인 정보와 경京과 군현에 관한 행정 정보, 군사 정보, 교통 정보 등 많은 정보를 포함하고 있다. 지도의 여백에는 백두산, 금강산, 설악산 등 10여 개에 이르는 유명한 산의 위치와 산수에 대한 간략한 설명과 울릉도, 대마도, 제주도 등 섬에 대한 역사 기록이 실려 있다. 그리고 지도의 좌측 상단의 여백에는 고조선古朝鮮, 한사군漢四郡, 신라9주新羅九州, 고려8도高麗八道의 마을 수를 기록하였다. 국토의 형태가 비교적 정확한 지도로 각 군현을 원형으로 그리고, 도별로 채색을 달리 하였으며, 도의 경계는 점선으로 표기하였다. 그리고 각 읍 옆에 서울까지의 거리를 기록하였다. 울릉도 바로 옆에 우산도가 그려져 있어, 독도의 소유권에 관한 좋은 좋은 자료이며, 세종 22년 울릉도에 대한 기록을 함께 기록하였다.

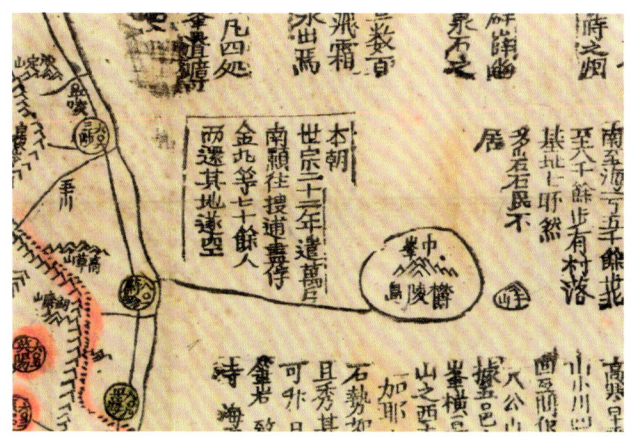

本朝世宗二十二年遣萬戶南顥往搜逋盡符金丸等七十餘人而還其地遂空

세종 22년에 만호와 남호를 보내 수백 명을 데리고 가서, 도망친 김환 등 70여 명을 잡아오니, 그 섬이 드디어 비게 되었다.

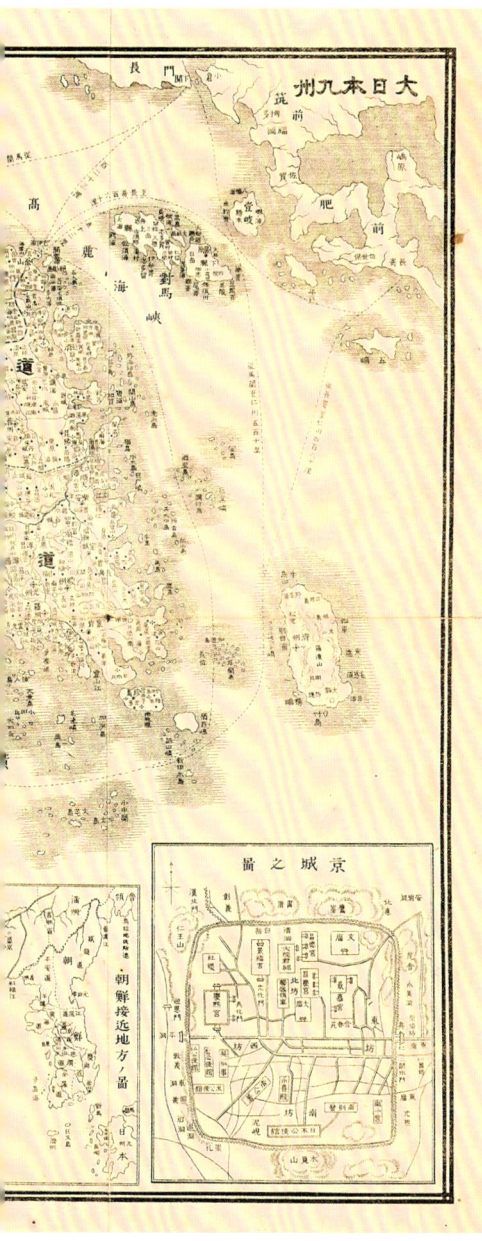

17

조선해륙전도 朝鮮海陸全圖

스즈키 세이오
일본, 1894년, 종이
54.5 × 40.2

1894년 일본 스즈키 세이오 鈴木政雄가 제작한 조선전도이다. 당시 조선을 비롯한 각 해안과 섬, 항구, 주요 항로와 함께 당시의 지명을 기록하였다. 충청남·북도와 평안도를 붉은색으로 표시하였다. 하단에는 주州, 부府 등의 기호표와 경성 시가도와 조선 접근 지방을 따로 표시하였다. 그리고 지도의 좌측 가장자리에 발행 정보가 상세하게 인쇄되어 있다.

조선지도

2. 도별지도 - 동람도형

조선 중기 인문지리서인 『신증동국여지승람新增東國輿地勝覽』에 실린
<팔도총도八道總圖>와 각 도별 지도의 판심에 <동람도東覽圖>라 쓰여 있어
이후 제작된 비슷한 형태의 지도를 동람도형으로 불렸다.
동람도는 우리나라의 모양을 위아래로 누른 형태의 모습으로 전체적인 지형을
간소화하여 그렸고, 북방지역이 명확하지 못한 것이 특징이다.
지도는 간소화한 형태이지만, 수요에 따라 다양한 정보를 담았으며,
주로 민간에서 제작하여 조선 후기까지 유행하였다.

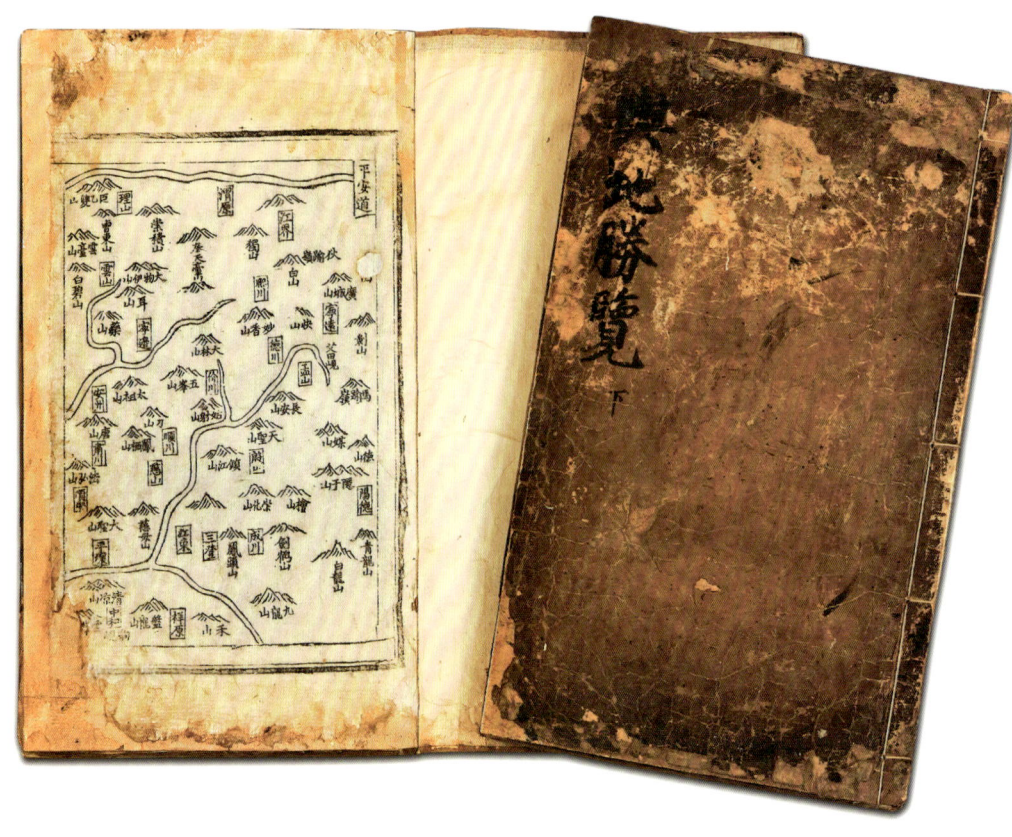

18

신증동국여지승람 新增東國與地勝覽

16세기 이후, 종이
21.7×35.6×1.25

목판본으로 55권 25책으로 구성된 조선 중기의 관찬지리서官撰地理書이다. 지도의 구성은 동람도 형식 지도이며, 도의 연혁·관원·풍속·관부官府·토산土産·성곽·산천·역원驛院·교량橋梁 등이 수록되어 있다.
박물관이 소장하고 있는 것은 권 51~52이며, 평안도와 관련된 내용이 실려있다. 맨 앞부분에 평안도 지도가 간략하게 실려 있으며, 도입부분은 세종실록에 실린 평안도에 관한 역사 기록을 소개하고 있다.

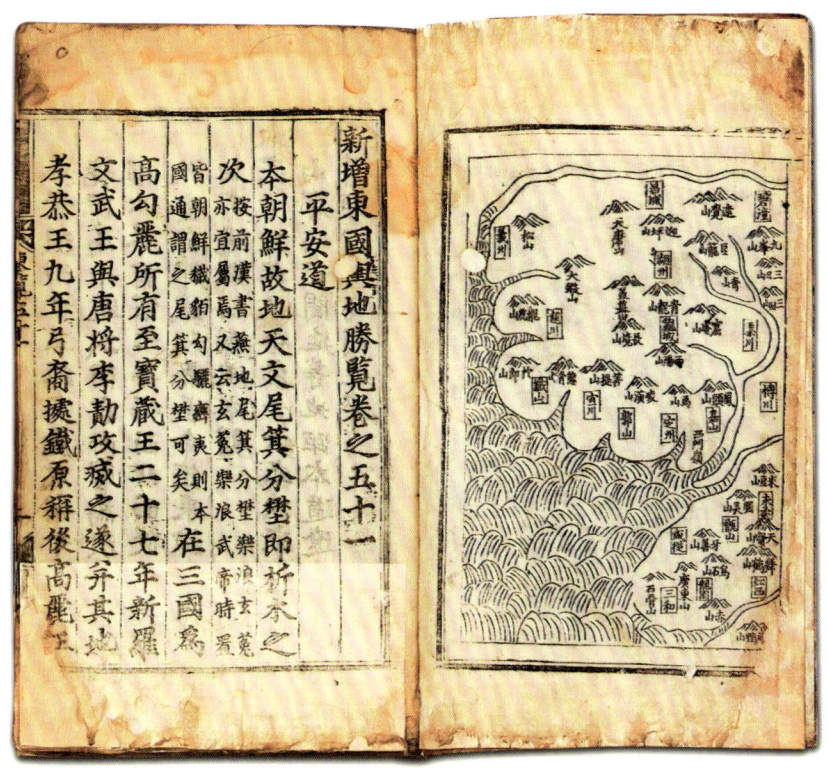

平安道:
本朝鮮故地天文尾箕分壄即析木之次
按前漢書燕地尾箕分壄樂浪玄菟亦宜属焉又云玄菟樂浪武帝時置皆朝鮮濊貊句麗蠻夷則本國通謂之尾箕分壄可矣
在三國爲高句麗所有至寶藏王二十七年新羅文武王與唐將李勣攻滅之遂并其地孝恭王九年弓裔據鐵原稱後高麗王分定浿西十三鎭高麗仍稱浿西道, 或云北界

본래 조선의 옛 땅으로 천문으로는 미尾와 기箕의 분야分壄, 지역로 석목析木의 별자리이다.
전한서를 보면 "연燕은 미와 기의 지역이다." 하였으니 낙랑樂浪과 현도玄菟도 역시 거기에 속하고, "현도와 낙랑은 무제때 두었는데 조선 예맥과 고구려의 동이족이다." 하였으니 본국을 통틀어 미와 기의 분야라 하는 것이 옳다.
삼국때는 고구려의 소유였는데 보장왕 27년에 신라 문무왕이 당나라 장수인 이적李勣과 함께 이를 멸하고 이 땅을 병합하였다.
효공왕 9년에 궁예가 철원으로 웅거하여 스스로 후고구려왕이라 일컫고 패서浿西 13진으로 나누었는데, 고려에서도 이를 따라 패서도浿西道, 또는 북계北界라고 칭하였다.

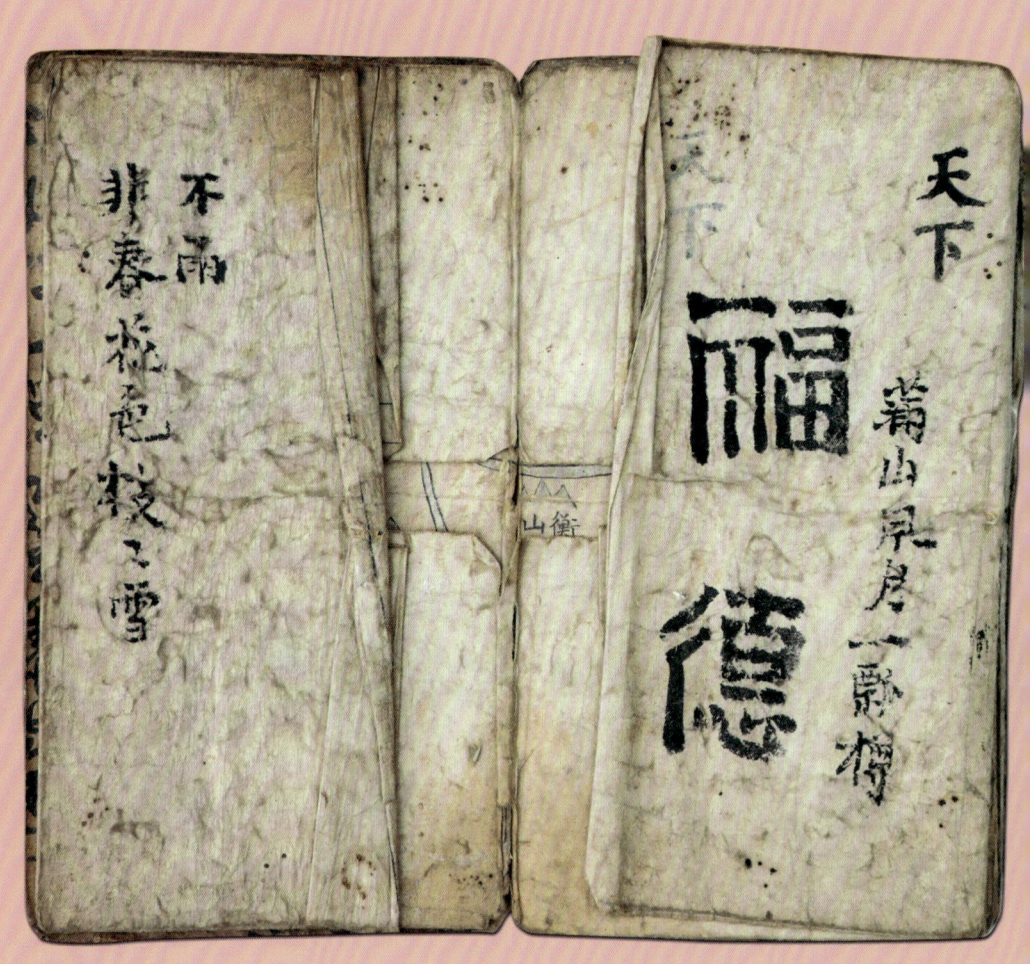

19

팔도지도 八道之圖

17세기 말, 종이
8.5×15.0×4.0

천하도와 중국도, 조선전도와 각 도별 지도, 유구국도를 그린 지도첩이다. 조선 후기 지도책은 대체로 이러한 동람도 형태의 정형성을 갖추고 있는 것이 많으며, 목판본 지도책은 그 경향이 더 뚜렷하다. 이 지도첩의 제작 시기는 당시의 경상도 지역의 지명 등으로 17세기 말로 추정해볼 수 있다.

천하도는 상상의 세계지도로 중앙에 중국이 있고, 동쪽은 조선과 서쪽에는 서역의 나라와 북방의 나라 등을 그려 넣었다. 또한, 고대 중국 지리서인 『산해경山海經』에 나오는 지명과 여러가지 상상의 나라가 기록되어 있다.

일목국一目國 : 눈이 하나인 사람들의 나라
삼신국三身國 : 머리 하나에 몸이 셋인 사람들의 나라
삼수국三首國 : 머리가 셋인 사람들의 나라
관흉국貫胸國 : 가슴에 구멍이 난 사람들의 나라
군자국君子國 : 남자들만 사는 나라
장비국張臂國 : 긴 팔을 가진 사람들의 나라
모민국毛民國 : 온몸에 검은 털이 난 사람들의 나라

원형의 천하도는 유독 우리나라에서 많이 나타나는데, 이는 원시 신앙과 도교, 불교, 유교적 세계관이 혼재된 시대상을 반영한다고 볼 수 있다.

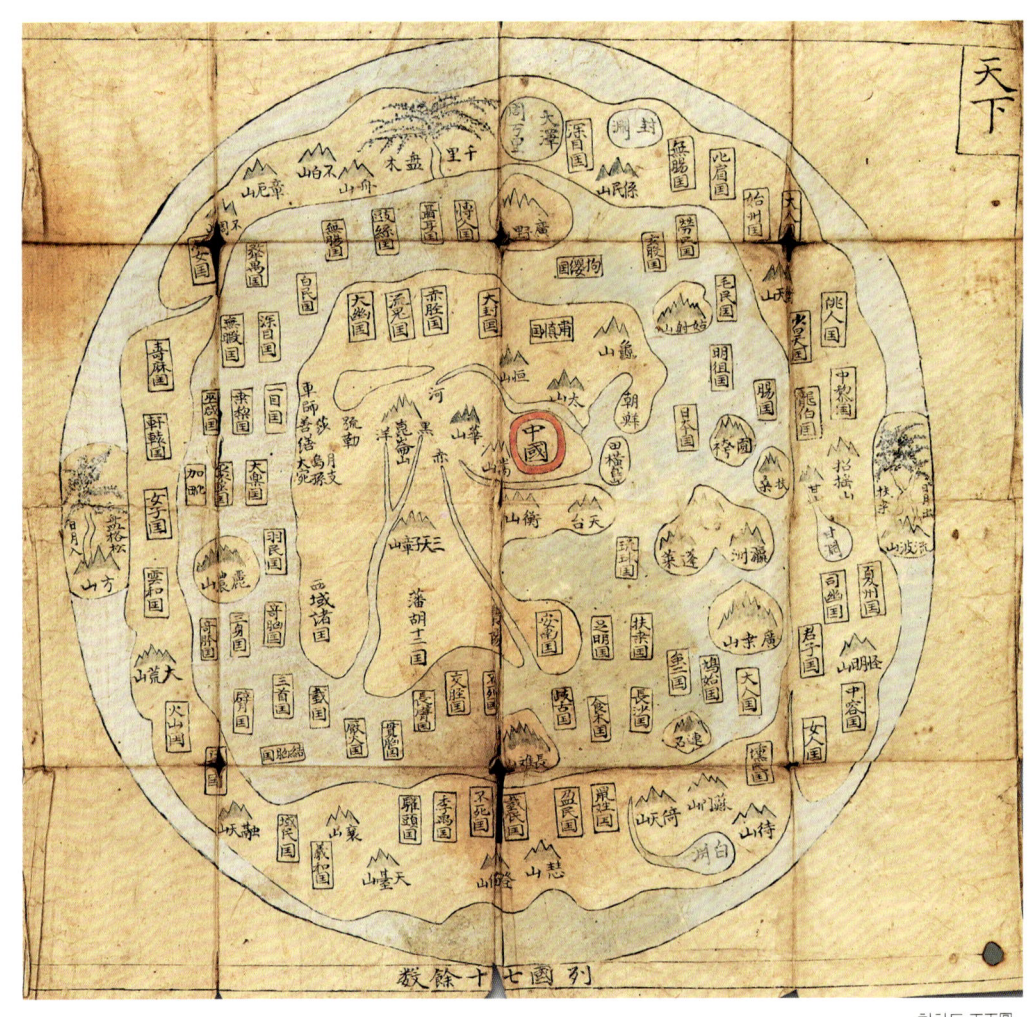

천하도 天下圖

❶ 일목국
❼ 모민국
❷ 삼신국
❻ 군자국
❸ 삼수국
❺ 장비국
❹ 관흉국

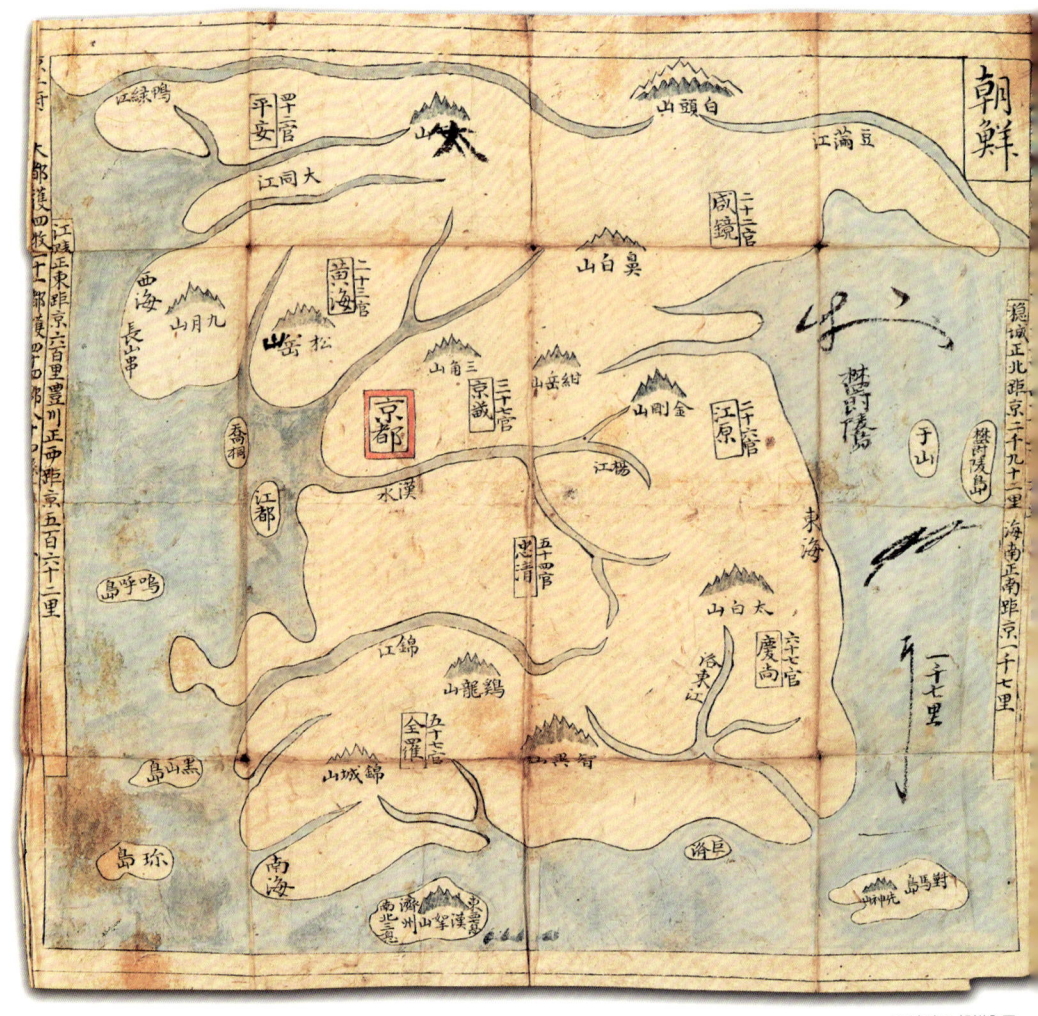

조선전도 朝鮮全圖

수도는 경도京都라 하고, 평안, 함경, 황해, 경기, 강원, 충청, 경상, 전라 지역과 울릉도와 우산도 등을 표시하였다. 당시 다수의 동람도 형식의 지도에서는 울릉도와 우산도의 위치가 서로 바뀐 형태로 그려졌다.

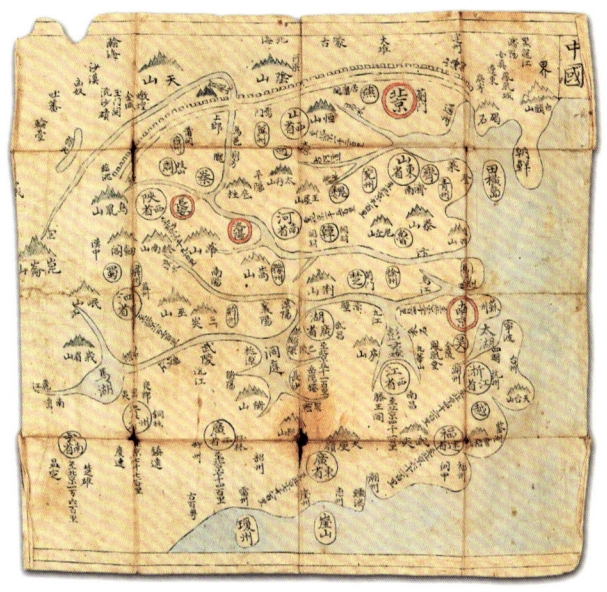

중국도 中國圖

중국 역시 간략하게 그려져 있으며, 북경北京, 남경南京, 낙양洛陽, 장안長安 지역은 붉은색으로 표시하였다.

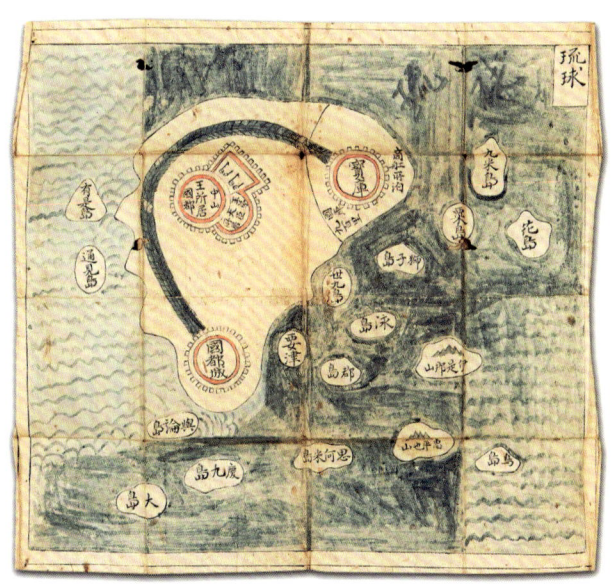

유구도 琉球圖

유구琉球는 오늘날 오키나와 현에 위치한 독립된 왕국으로서, 조선 전기에는 중국과 일본 간의 해상 교역에 중요한 역할을 하였으나, 조선 후기에는 교류가 거의 중단되었다.

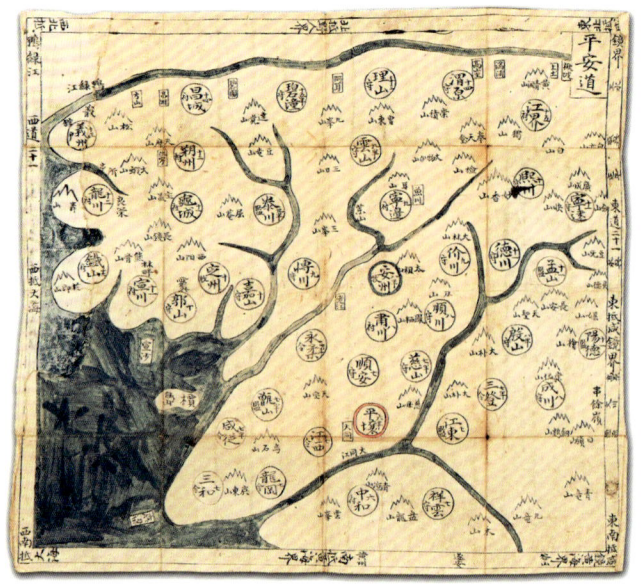

평안도平安道

평양平壤을 붉은색으로 표시하였고, 안주安州 지역은 진한 원을 둘렀다.
평안도는 평양과 안주의 글자를 하나씩 따서 붙인 것이다.

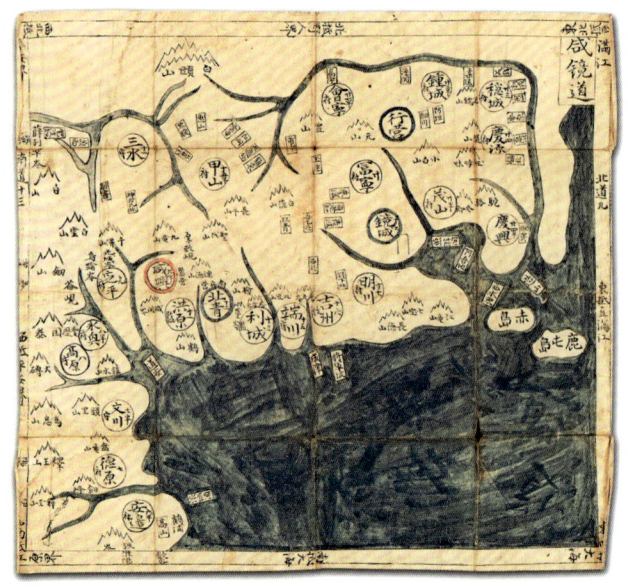

함경도咸鏡道

함흥咸興을 붉은색으로 표시하였고, 군영인 행영行營과 경성鏡城,
북청北青을 강조하여 표시하였다.

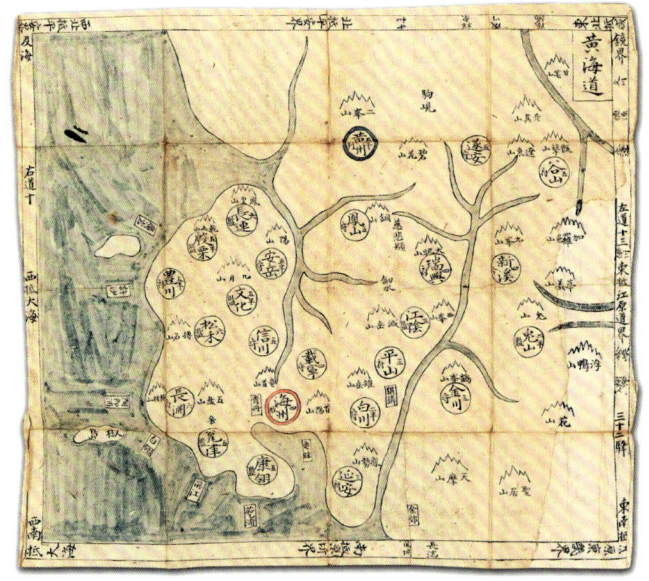

황해도 黃海道

해주 海州를 붉은색으로 표시하였고, 황주 黃州에 진한 원을 둘렀다.
황해도는 황주와 해주의 글자를 따서 붙여진 이름이다.

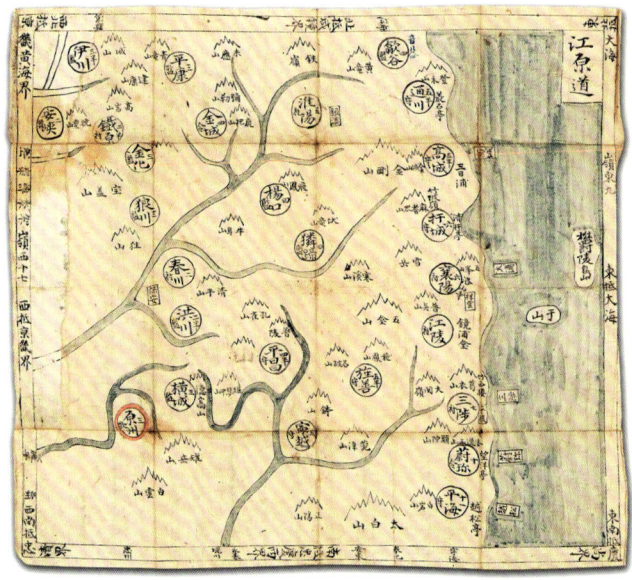

강원도 江原道

원주 原州를 붉은색으로 표시하였다. 특히, 우측에는 우산과 울릉도를 그려
넣었는데, 실제 위치와 달리 울릉도 남쪽에 우산도 于山島가 그려져 있다.

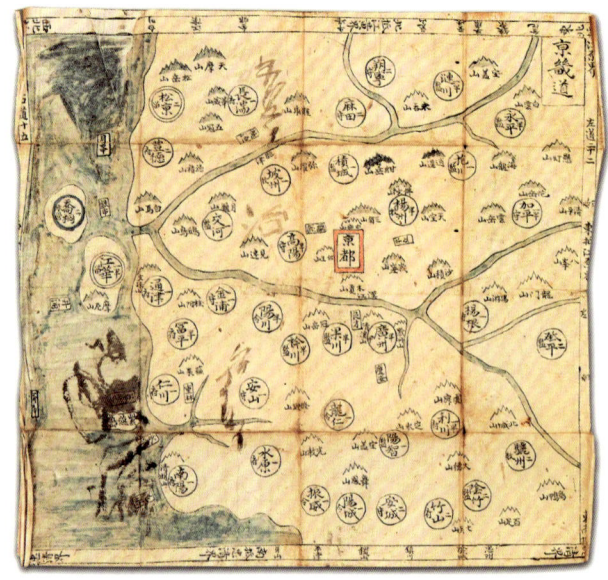

경기도京畿道

붉은 사각 테두리로 수도를 경도京都로 표기하였다.

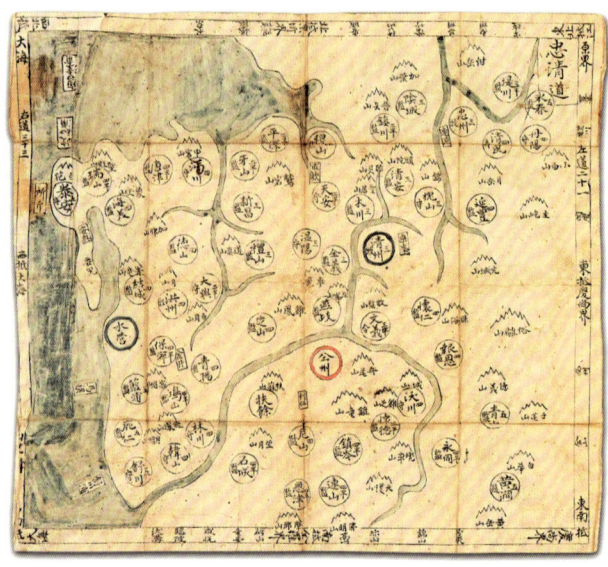

충청도忠淸道

충청 지역의 지명 중 이산尼山 지역은 1776년 이성尼城으로 개칭되는데, 이산의 명칭을 쓰는 것으로 보아 그 이전 지도임을 추측할 수 있다.

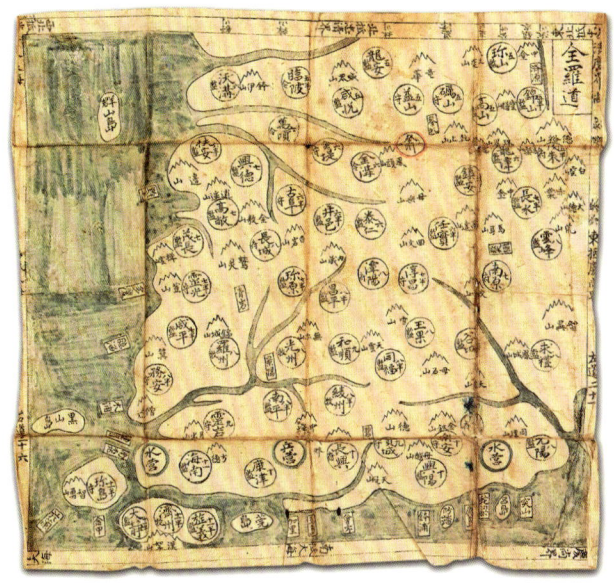

전라도 全羅道

전주 全州를 붉은색으로 표시하였고, 좌우에 수영 水營과 병영 兵營을 강조하여 표시하였다.

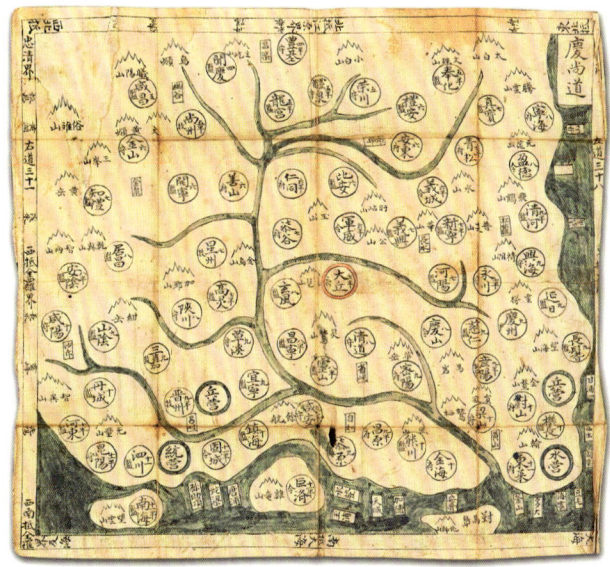

경상도 慶尙道

1637년에 설치된 자인 慈仁이 표시되어 있고, 1682년에 처음 설치된 영양 英陽이 없는 것으로 보아 그 사이 시기에 제작된 것으로 보인다.

20
동국여지도 東國輿地圖

17세기 말, 종이
42.0×39.0×2.1

조선 후기에 민간에서 제작되어 유행한 목판본 동람형 지도책이다. 상상의 세계지도인 천하총도天下總圖, 중국도, 8도의 지도가 수록되어 있으나, 팔도총도와 유구도 2매가 누락되어 있다. 바다를 파도 문양의 '수파묘' 대신 목판을 양각 처리하여 흑색으로 표현하였다. 그리고 도별로 하단에 주기를 표시하여 지도를 보완하였다. 도별 지도 하단에는 민호民戶, 전결田結, 진보鎭堡, 산성山城을 비롯하여 각 지역의 연혁沿革을 기록하였다.

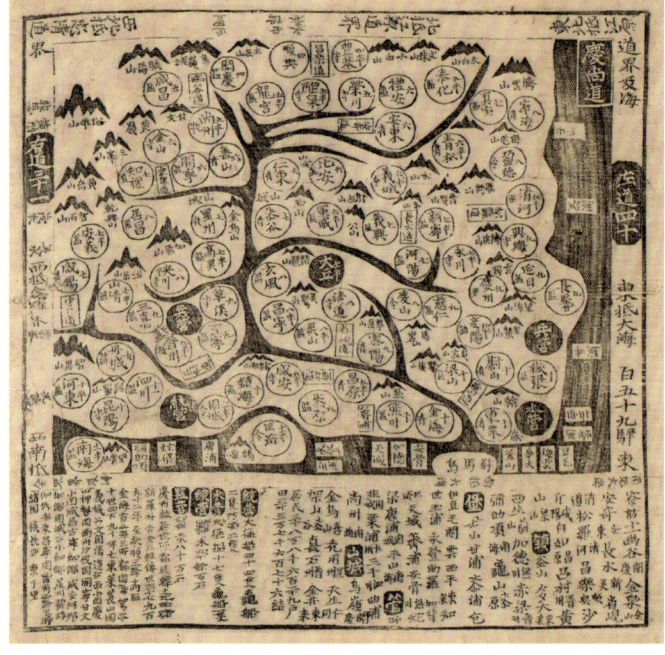

경상도慶尙道

경상도 지도의 경우, 1683년에 복설復設된 순흥順興이 표기되어 있고, 1750년에 변경된 대구大邱의 한자 지명이 변경되기 전이므로, 목판 제작 시기를 짐작해볼 수 있다. 다만, 1682년에 신설된 영양英陽의 지명이 빠져 있어 변경된 직후의 시기로 추정해 볼 수 있다. 각 지도 하단에는 각도의 찰방察訪, 보堡, 영營, 산성山城, 통영統營, 감영監營 등을 표기하였다.

천하총도 天下總都

천하도는 중국 중심의 세계관을 담은 지도로서, 신화적인 지명을 함께 기록하였다. 또한, 중국 신화에서 나오는 해가 뜨는 동쪽 바다의 신성한 나무인 부상扶桑과 서쪽 끝에는 해가 지는 방산方山과 반격송盤格松을 그렸다.

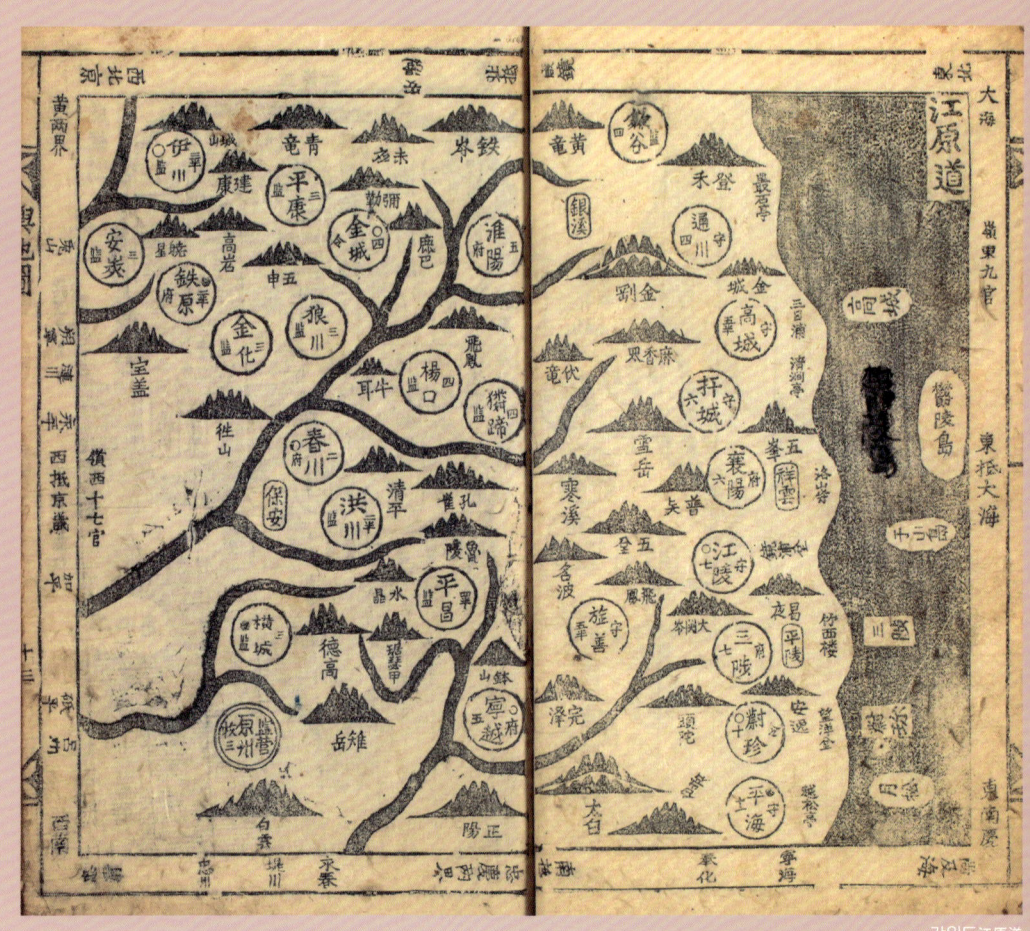

21

동국여지도 東國輿地圖

1849년, 종이
40.0×30.0

소형 목판본으로 제작한 이 지도책은 전도全圖와 도별도, 천하도, 중국도, 유구국, 일본국의 지도로 구성되어 있다. 책 첫 장에 전국과 도별 전답田畓 통계가 수록되어 있고, 지도 뒤쪽에는 도별로 역, 진보鎭堡, 산성山城, 속오군束伍軍 등 기타 간략한 역사 유래를 적은 도적圖籍이 적혀있다. 강원도 지도에는 울릉도 좌측에 우산도于山島를 표시하였다.

세상에 나온 우리나라 지도가 수 없이 많으나,
모사본이나 인쇄본을 막론하고 모두 지면의 모양과 크기에 따라 그렸기에
산천과 거리가 모두 바르지 못하다.
십 리 남짓 되는 가까운 곳이 간혹 수백 리나 멀리 떨어진 곳으로 표시된 경우도 있고,
수백 리나 되는 먼 곳이 어떤 때는 십 리쯤으로 가까운 곳으로 된 경우도 있다.
동서남북의 바위에 있어서는 그 위치가 바뀌어 있다.
만약 그 지도를 보고 사방으로 여행을 가려고 한다면,
의지할 것이 하나도 없이 어두운 밤길을 걸어가는 것과 다를 바 없을 것이다.
나는 이전 지도의 제작법을 병폐로 여겼기에 이 지도를 만들었다.

- 정상기, "동국지도" 발문 중 -

조선지도

●

2. 도별지도 - 정상기형

조선 후기 지도 제작은 비교적 간단하게 그려진 동람도 형태의 지도에서
좀 더 정확하고 세밀한 지도가 등장하게 되는데,
이에 가장 공헌을 한 사람은 지도학자인 정상기(1678~1752)이다.
그는 백리척 百里尺을 활용한 근대 지도의 형태를 가진 <동국지도東國地圖>를
제작하였는데, 이는 우리에게 잘 알려진
김정호의 <대동여지도大東輿地圖> 보다 100여 년이 빠르다.

22
동국지도 東國地圖

조선 후기, 종이
19.6x35.4

조선 후기 지도 제작자인 정상기鄭尙驥의 동국지도 수정본 계열 가운데 하나로 전도 및 각 지역 지도 등으로 구성되어 있다. 정상기는 조선전도인 대전도大全圖와 도별지도道別地圖인 팔도분도八道分圖를 만들었으며, 일정한 축척을 사용하여 각 도별 지도를 합하면 전도가 되도록 고안하였다. 면적이 큰 함경도는 남북을 2장으로 분리하였고, 면적이 작은 충청도와 경기도는 하나의 지도에 그렸다. 또한, 백리척百里尺*을 사용하여 제작하였기 때문에, 지역 간의 거리를 계산 할 수 있도록 하였고, 축척을 사용하여 제작한 지도는 이전의 지도보다 지리적인 형태가 좀 더 정확하게 그려졌다.

---

*백리척 : 1척을 100리로, 1촌을 10리로 기준하여 계산한 축척법이며, 이를 통해 대축척지도의 제작에 정확성을 기여하였다.

또한, 우산도의 위치가 전 시기와는 달리 울릉도 우측에 위치하도록 그렸다. 지도의 상단에는 해좌사향亥坐巳向* 이라 적혀 있고, 우측의 여백에는 동서남북의 각 지역에서 서울까지 이르는 거리를 표기하였다.

해좌사향 : 이는 풍수지리설에서 길지吉地를 정하는 88가지의 방법 중 하나로, 해방亥方 : 북북서을 등지고 사방巳方 : 남남동을 바라보는 방향을 의미한다.

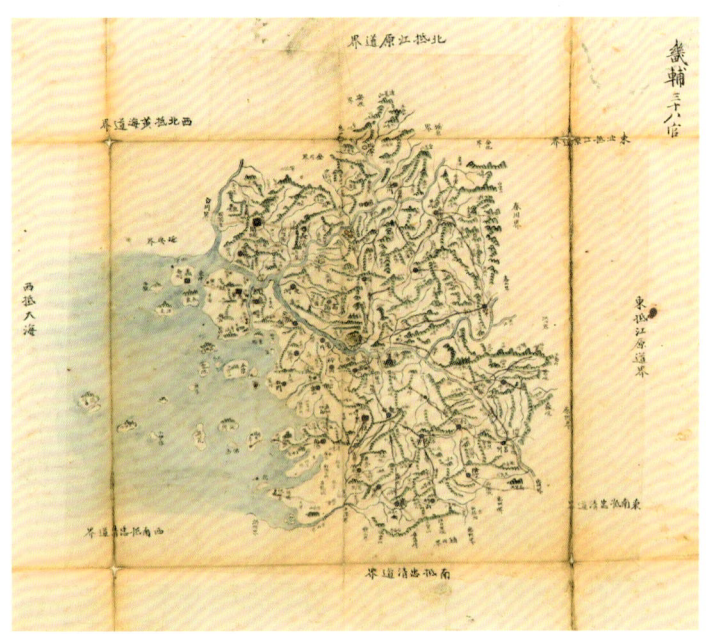

기보畿輔

지도 우측에 기보라 표기하였는데, 이는 대체로 왕경과 그 주변 일대를 뜻하는 말로 경기지역을 의미한다.

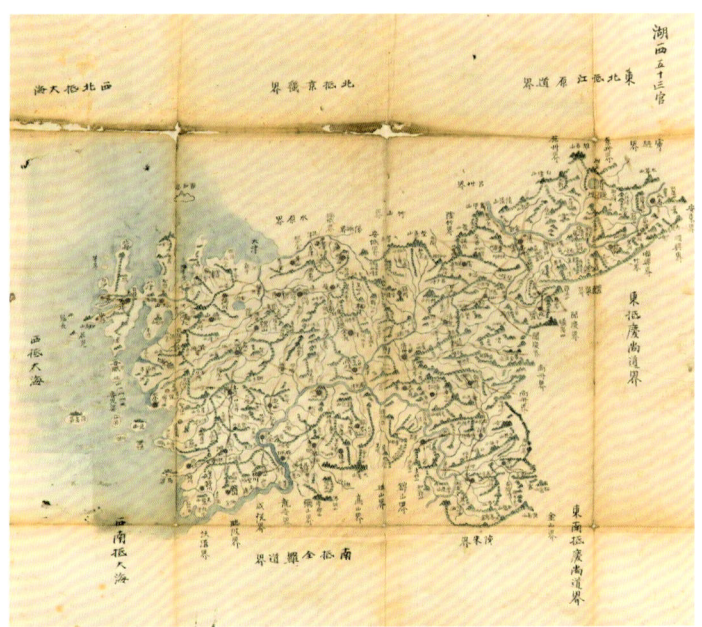

호서湖西

호서는 충청도 지역을 뜻한다. 공주公州와 청주淸州는 이중 원으로 그려 구분하였고, 청주에는 병兵을 함께 표시하였다.

관동關東

관동은 강원도 지역을 의미하며, 해안지역을 따라서 도로망이 표시되어 있다.

해서海西

해서는 황해도 일대를 말한다. 황주黃州와 해주海州에 이중원을 그려 강조하였고, 황주 옆에는 병兵이라 표기하였다.

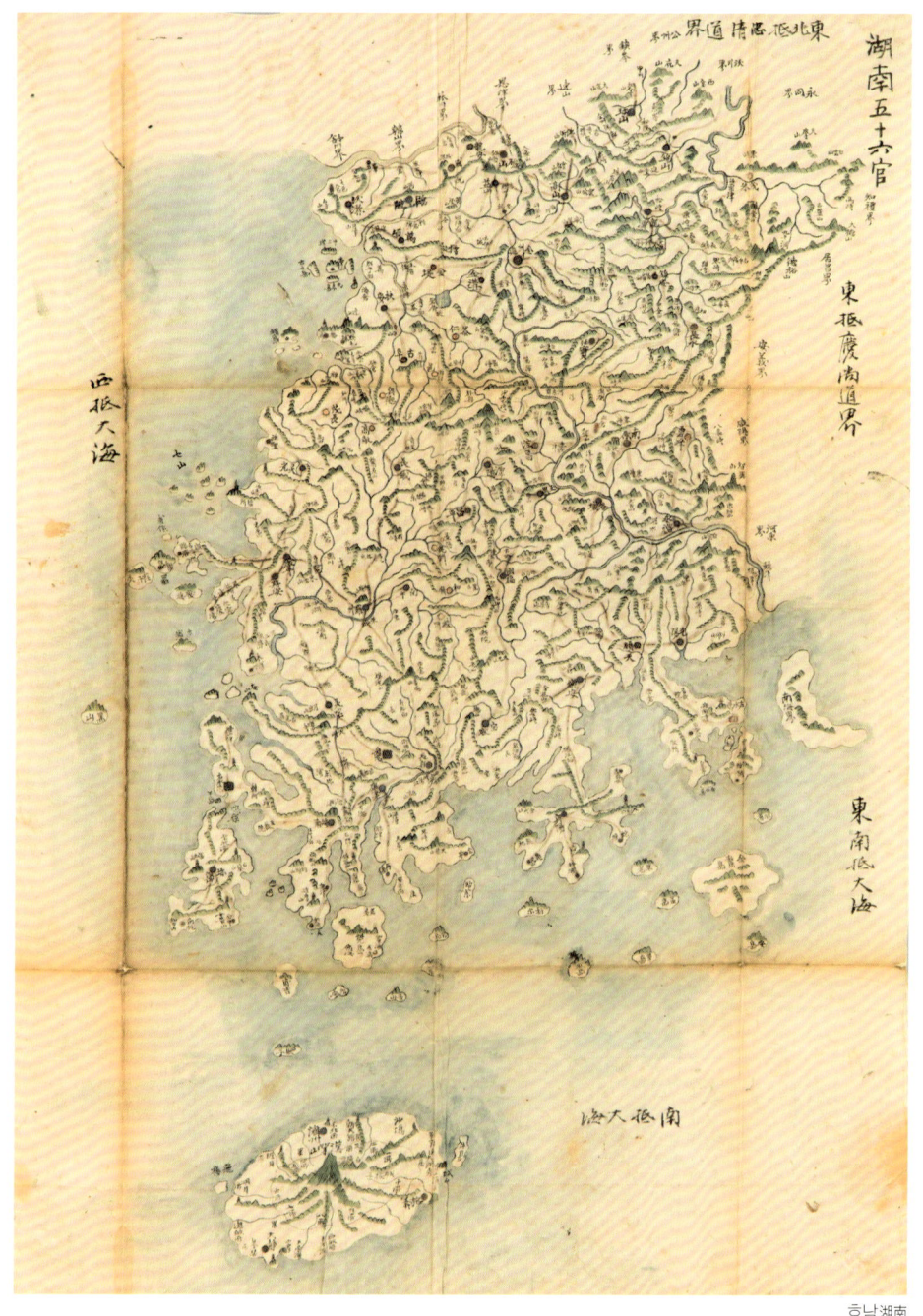

호남 湖南

호남은 제주를 포함한 전라도 일대를 말한다. 전주全州는 이중 원으로 그려 구분하였고, 좌수영左水營은 이중 사각형을 붉은색으로 강조하였다. 이는 병영兵營 또는 수영水營을 의미한다.

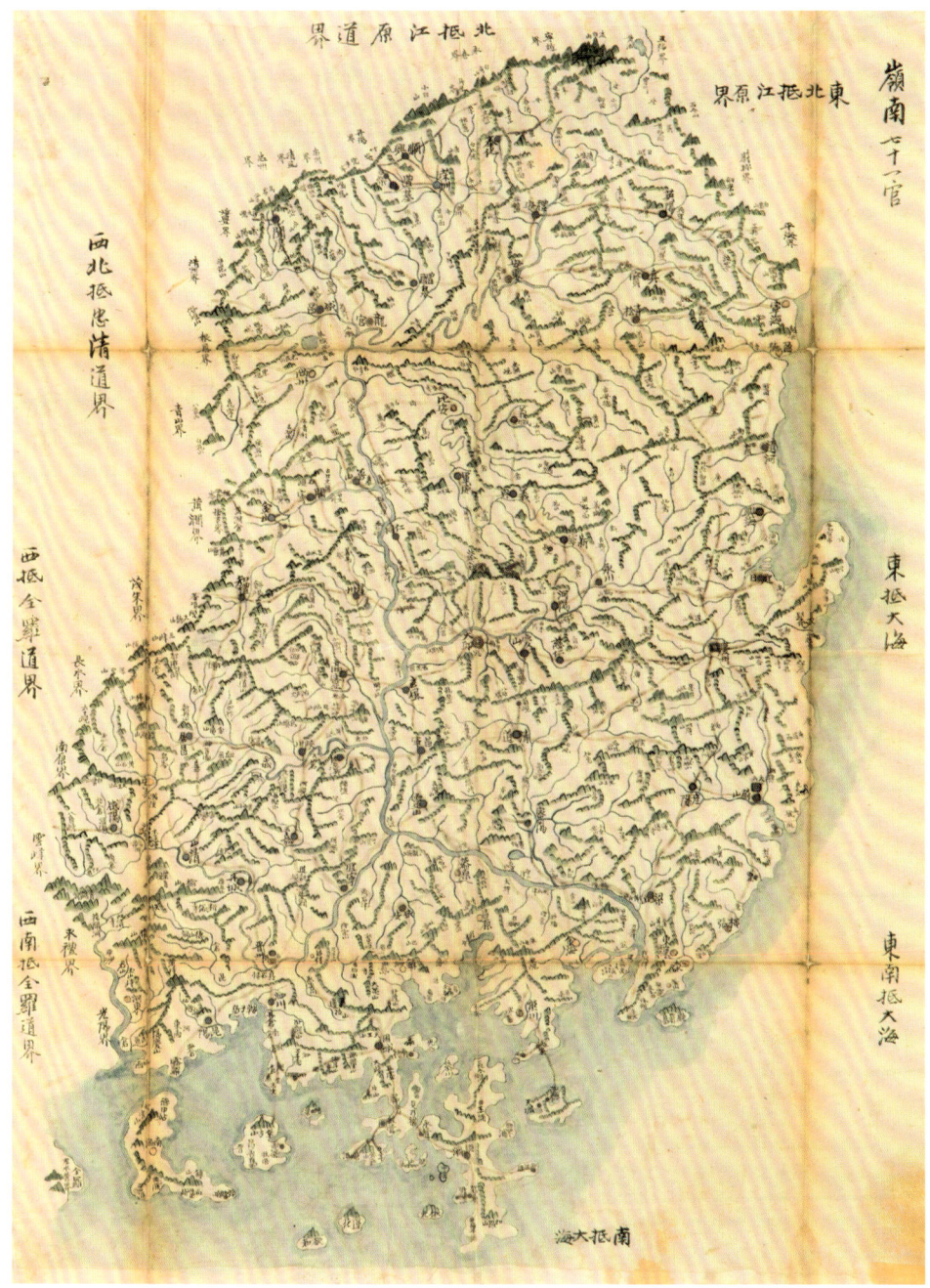

영남嶺南

영남은 경상도 일대를 말한다. 17세기 말에 설치된 영양英陽과 순흥順興이 표기되어 있고, 1768년에 개칭된 함양咸陽과 산청山淸이 표기되어 있어 18세기 이후 제작된 지도임을 알 수 있다.

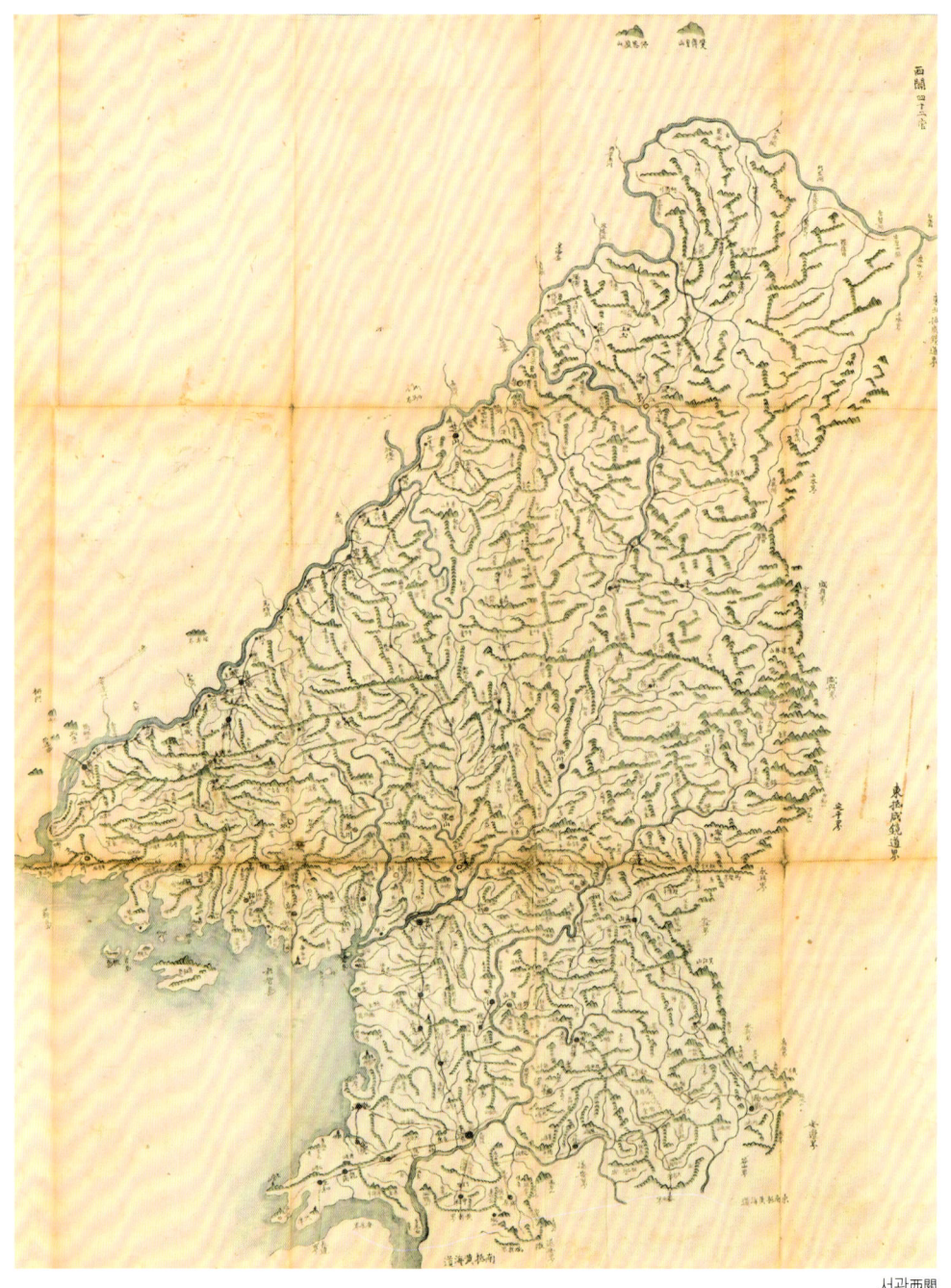

서관西關

서관은 평안도 일대를 말한다. 안주安州와 평양平壤에 이중 원을 그려 강조하였고, 안주 옆에는 병兵이라 표기하였다.

북관北關

북관은 함경도 일대를 말한다. 함경도 동북부에 위치한 이원利原은 1800년에 이성利城에서
개칭된 지명이며, 이를 반영하여 그렸다. 함흥咸興지역을 이중 원으로 그려 구분하였다.

23

여지도 輿地圖

18세기 후반, 종이
17.5×22.0(접), 60.0×99.0(펼)

咸陽 十九日半息
東安陰三七
南山陰二六
西雲峯三七
北安陰三七

咸昌 七日十四息
東尙州 八
南同州十七
西同州二三
北聞慶 七

恭原 九日半七息
東昌原二六
南昌原 八
西咸安三二
北灵山二〇

昌原 十日半十八息 高二萬里
東熊川三三
南熊川三〇
西咸安三七
北靈慶三二

開寧 六日十息
東善山十九
南晉州三八
西金山十四
北善山三一

熊川 廿日半息
東金海十五
南晉浦 二
西昌原十五
北金海 八

金海 九日半息
東梁山四二
南昌原四二
西昌原四〇
北密陽四一

知禮 七日半息
東星州十三
南居昌四四
西茂朱三八
西金山十五

南海 廿日半四息
東晉州 四十
南海 三六
西海 十五
北露梁三八

巨濟 廿日十八息 二百三十四
東玉浦二十
南塔串四二
西見乃梁三七
北永登浦五七

高靈 廿日十三息
東玄風三十
南草溪二六
西陜川三三
北星州 十

金山郡 六日九息
東開寧十五里
南知禮十二
西黃間四一
北尙州三四

安陰 廿一日半三息
東居昌二二
南咸陽 五
西長水五七
北居昌五十

88

조선시대 종합 지도책인 여지도는 모두 3책으로 구성되어 있으며, 서구식 세계지도부터 동부 아시아지도, 조선팔도전도까지 다양한 지역의 지도가 실려 있다. 소개하는 이 지도는 제2책으로 우리나라 팔도가 경기-충청-전라-경상-강원-황해-평안-함경 순으로 기록되어 있다.

지도 내에 제작자, 제작처 및 제작 시기 등이 표기되어 있지 않아 정확한 편찬 시기는 알기 어렵지만, 함경도 지도에 1787년에 신설된 장진도호부_{長津都護府}가 표시되어 있어, 정조대 이후에 지도가 제작된 것으로 추정된다.

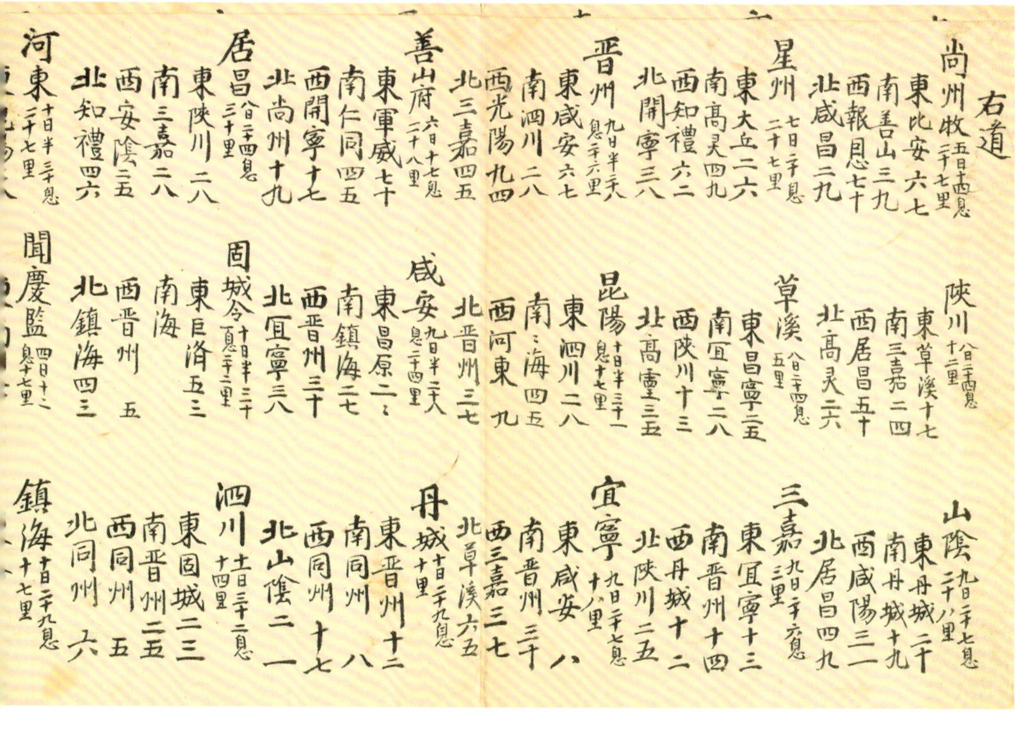

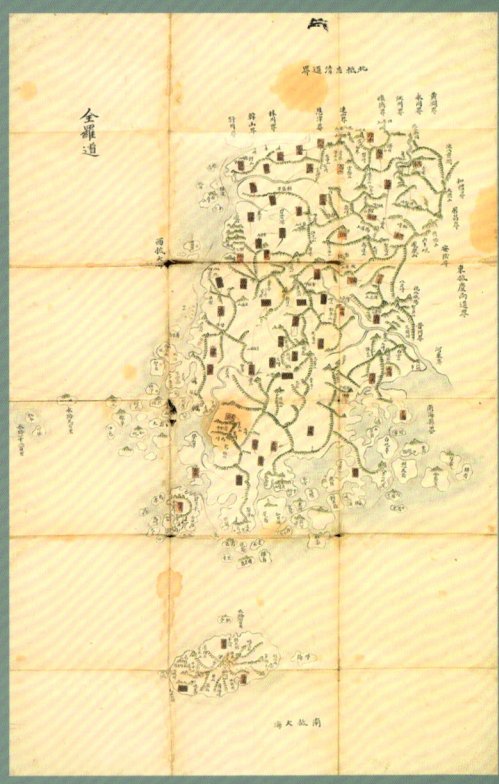

경충부京忠附　　　　　　　　　전라도全羅道

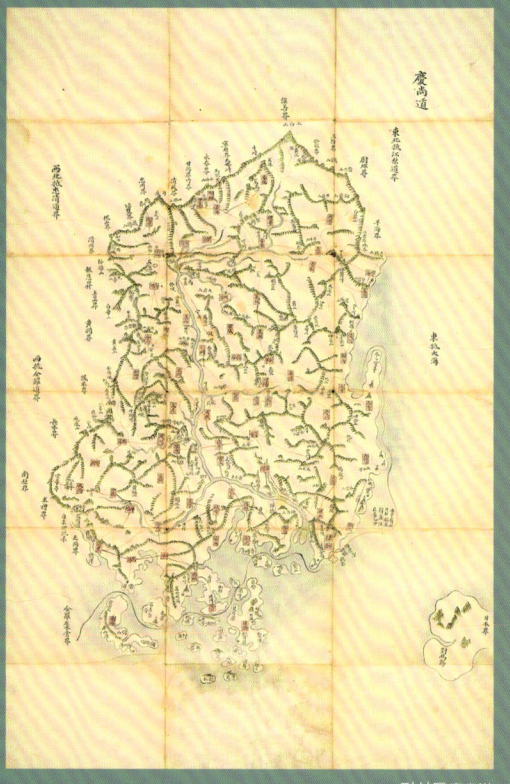

경상도 慶尙道

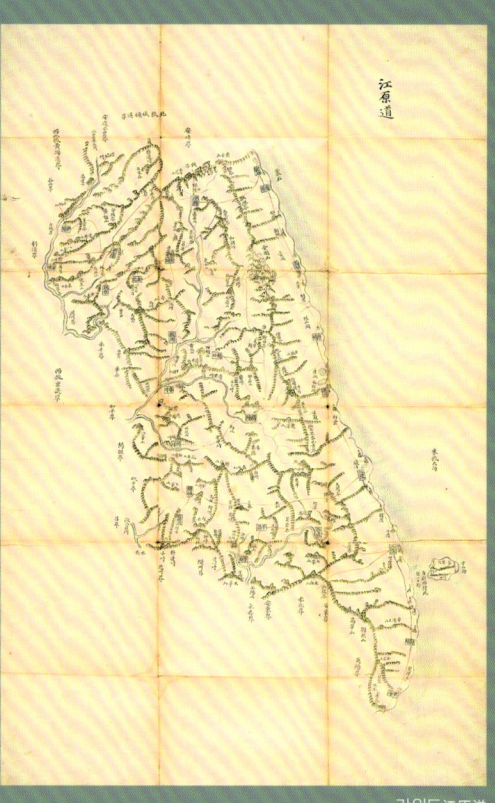

강원도 江原道

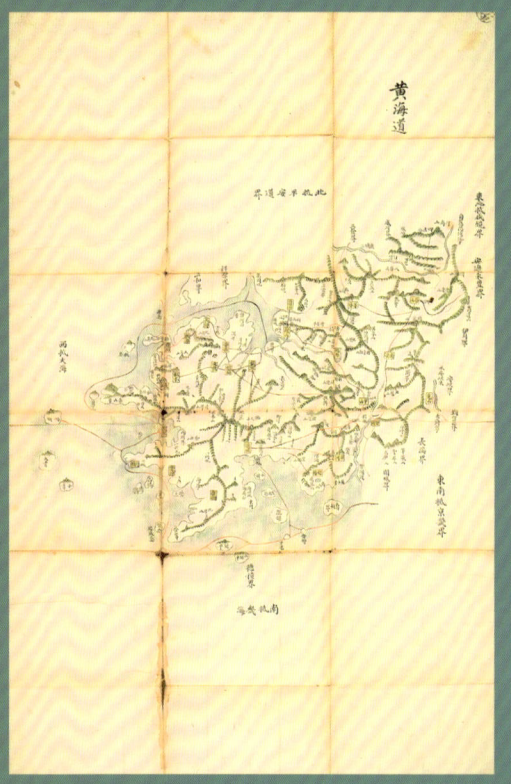

황해도黃海道

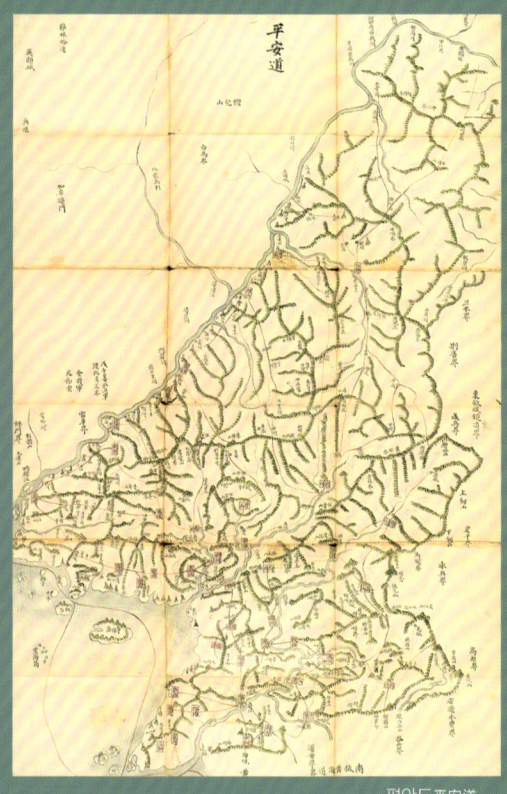

평안도平安道

함경도(북)咸鏡道(北)　　　　　함경도(남)咸鏡道(南)

24

천하지도 天下墜圖

19세기 후반, 종이
20.0×30.8

조선전도와 8도를 포함하여 총 11첩의 채색한 필사본으로 구성된 지도책이다. 우리나라 수군水軍 숫자와 각 도별 첨사僉使, 만호의 방병선防兵船, 전선戰船 숫자가 각각 기록되었다. 또한, 각 도에 군郡, 현縣, 가구戶, 논밭田畓, 인구民의 숫자 등이 잘 표시되어 있다. 팔도지도에는 주요 육상 교통로뿐만 아니라 해로까지 표시되어 있다. 지도의 원형은 정상기형 초기 형태를 필사하였고, 통계 자료도 초기의 것을 적었지만, 지명은 후대의 지명으로 바꿔서 기록하였다.

조선전도

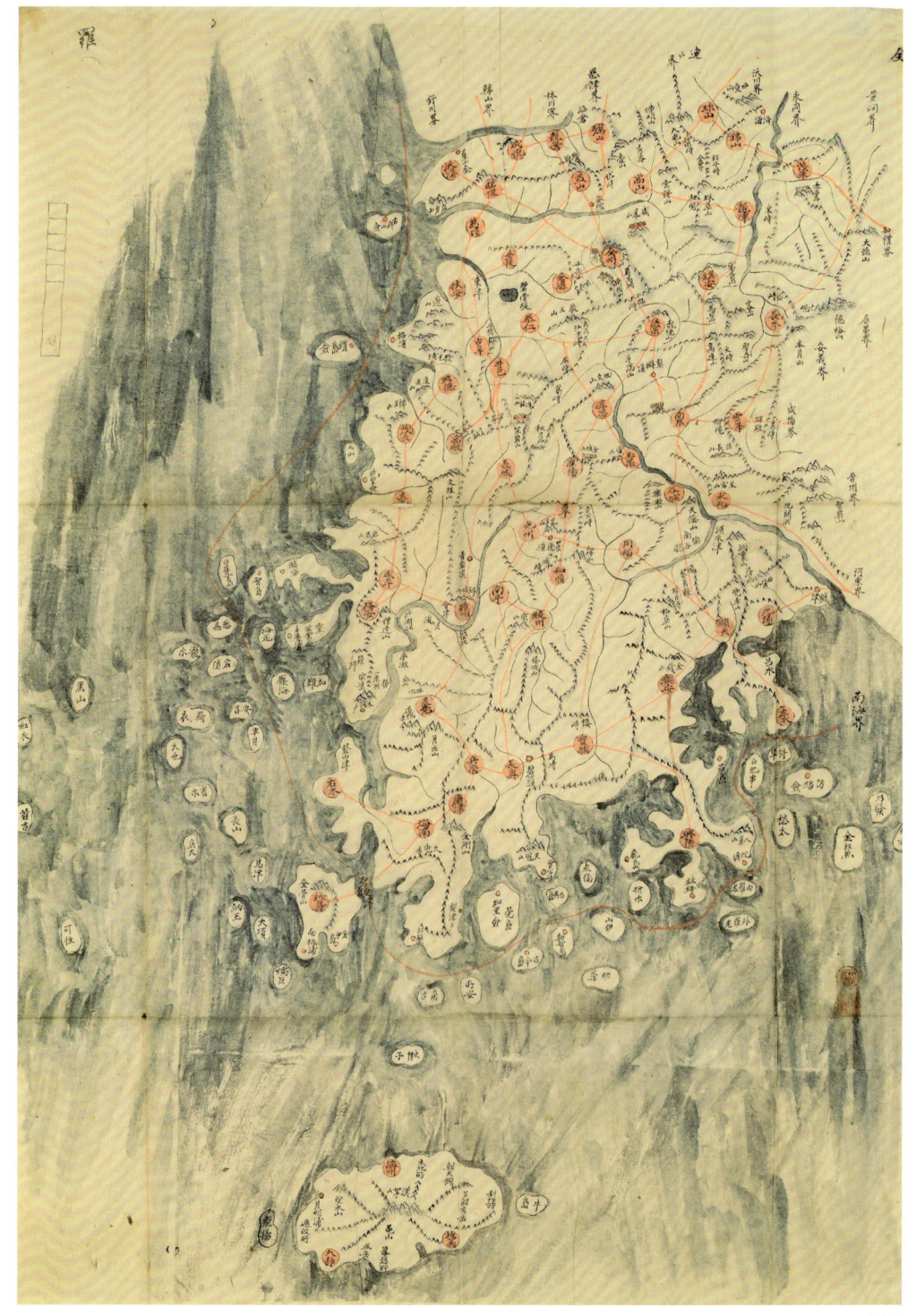

전라도

경상도

황해도 黃海道

25

조선팔도지도첩 朝鮮八道之圖帖

조선 후기, 종이
37.0×44.0

함경도 咸鏡道

조선시대 8도 지도 화첩으로 궁중 화원이 그린 필사본 지도로 추정된다. 각 도별 읍성이 있는 지역은 붉은색 원, 병영兵營과 수영水營은 정사각형으로 표시하고, 역도驛道는 사각형으로, 테두리를 붉은색으로 강조하였다. 특히 함경도의 경우 백두산을 강조하였고, 백두산 천지 대택大澤와 1712년에 제작된 백두산 정계비, 그리고 주변의 목책까지 그렸다.

강원도 江原道

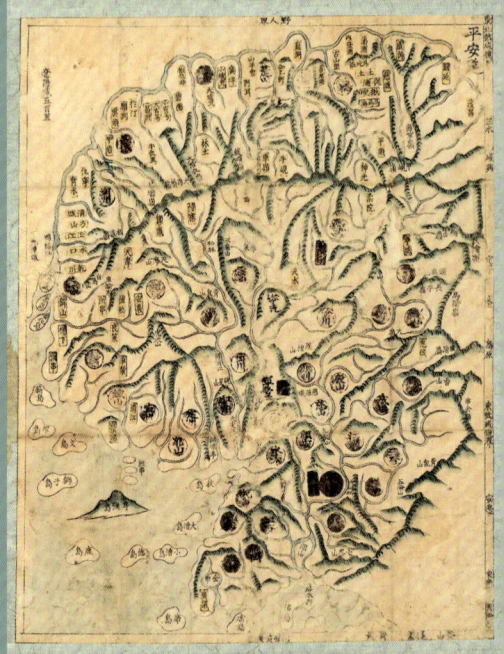

평안도 平安道

충청도忠淸道

경기도京畿道

조선지도

2. 도별지도 - 수진본

소매에 넣고 다닐 수 있는 작은 휴대용 지도첩을 수진본袖珍本 지도라 한다.
이는 조선 후기에 지리에 대한 관심이 증가하여 유행하기 시작했다.
18세기 수진본 지도는 기존의 지식 정보를 유지하고 절첩식折帖式형태로만
제작되었지만, 19세기에는 실용적인 지리 정보가 함께 수록된
수진본 지도로 발전하였다.

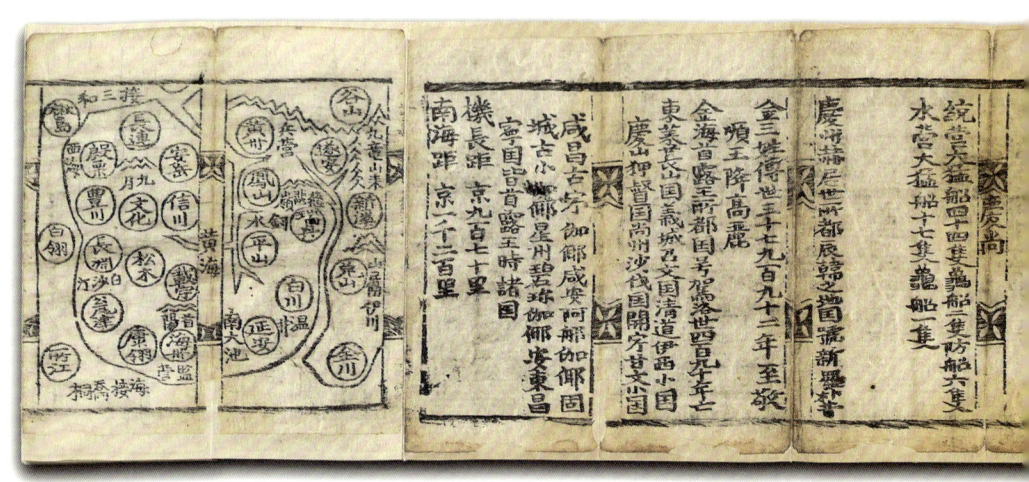

26

팔도재안 八道在眼

조선 후기, 종이
5.3x11.8, 145.0x11.8

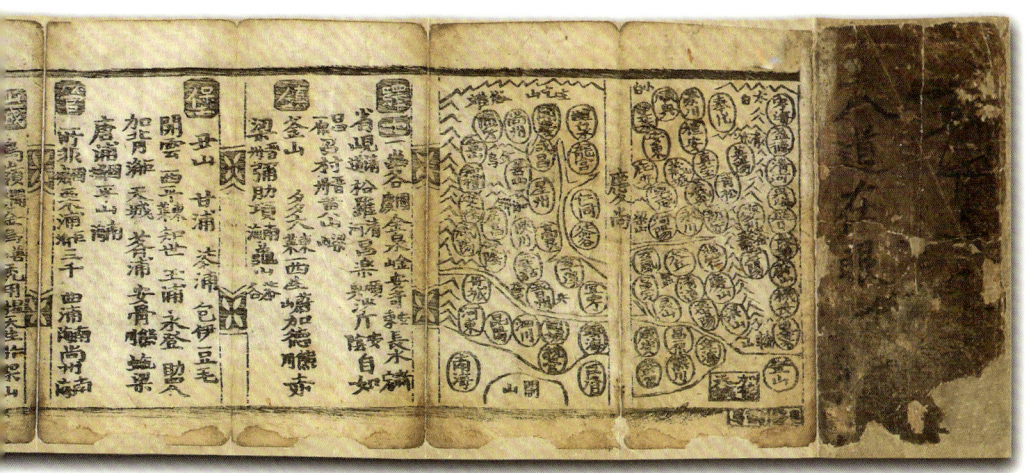

이 지도는 조선시대의 휴대용 수진본 지도로서, 8개의 도별 지도와 다양한 지역 정보를 담았다. 한 면당 32면을 앞뒤로 기록하여, 총 64면으로 구성되어 있다. 앞면에는 경상-황해-평안-함경, 뒷면에는 경기-충청-전라-강원 지역이 도별 설명과 지도가 차례로 수록되어 있다.

내용 구성은 지명과 산천의 정보를 담은 지도 2면, 역驛·진鎭·보堡·관管, 산성山城에 대한 정보가 2면, 나머지 4면에는 인구와 관련하여 호戶의 수와 거민居民의 수, 농지 면적 그리고 병졸兵卒의 수를 비롯한 수군 현황과 거북선·맹선猛船*·병선兵船 등의 숫자와 한양과의 거리가 기록되어 있다.

* 맹선猛船 : 조선 전기 전투와 조운을 겸할 수 있게 만든 군선이다.

27

팔역지도 八域地圖

19세기 중반, 종이
7×21.9×1.8(접), 27×42.5(펼)

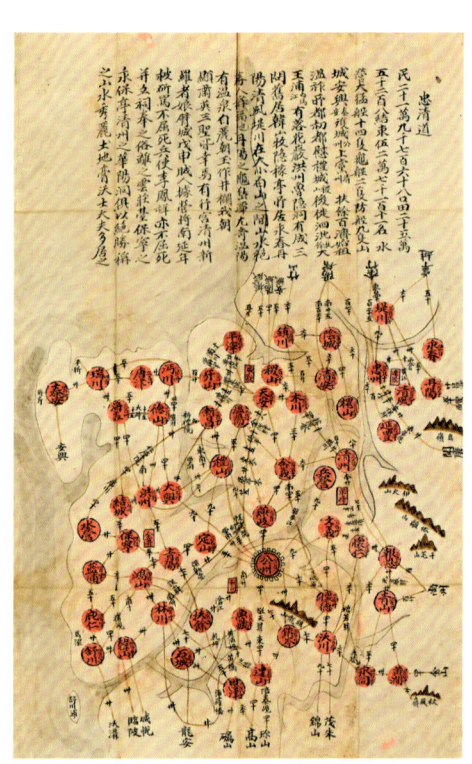

충청도忠淸道

수진본 형태의 팔역지도로 총 8매의 지도가 작은 책갑冊匣에 들어 있다. 각 장으로 분리되지 않고 한 장씩 펴볼 수 있도록 만들어진 것으로, 관에서 사용한 것으로 보인다. 도별 지도마다 각 도에 대한 인구人口와 호구戶口 및 주요 내용이 기재되어 있다. 각 군현을 붉은색 원으로 표시하였고, 도의 감영은 성벽을 둘러 강조하였다.

또한, 역도驛道*를 붉은색 사각형으로 표시하고, 군현의 이름 옆에는 서울까지의 거리를 표기하였다.

---

*역도驛道 : 도로의 상태와 중요도 및 산천의 거리에 따라 여러 개의 역을 묶어, 역승驛丞과 찰방察訪 등의 관원으로 지역을 관리하도록 한다.

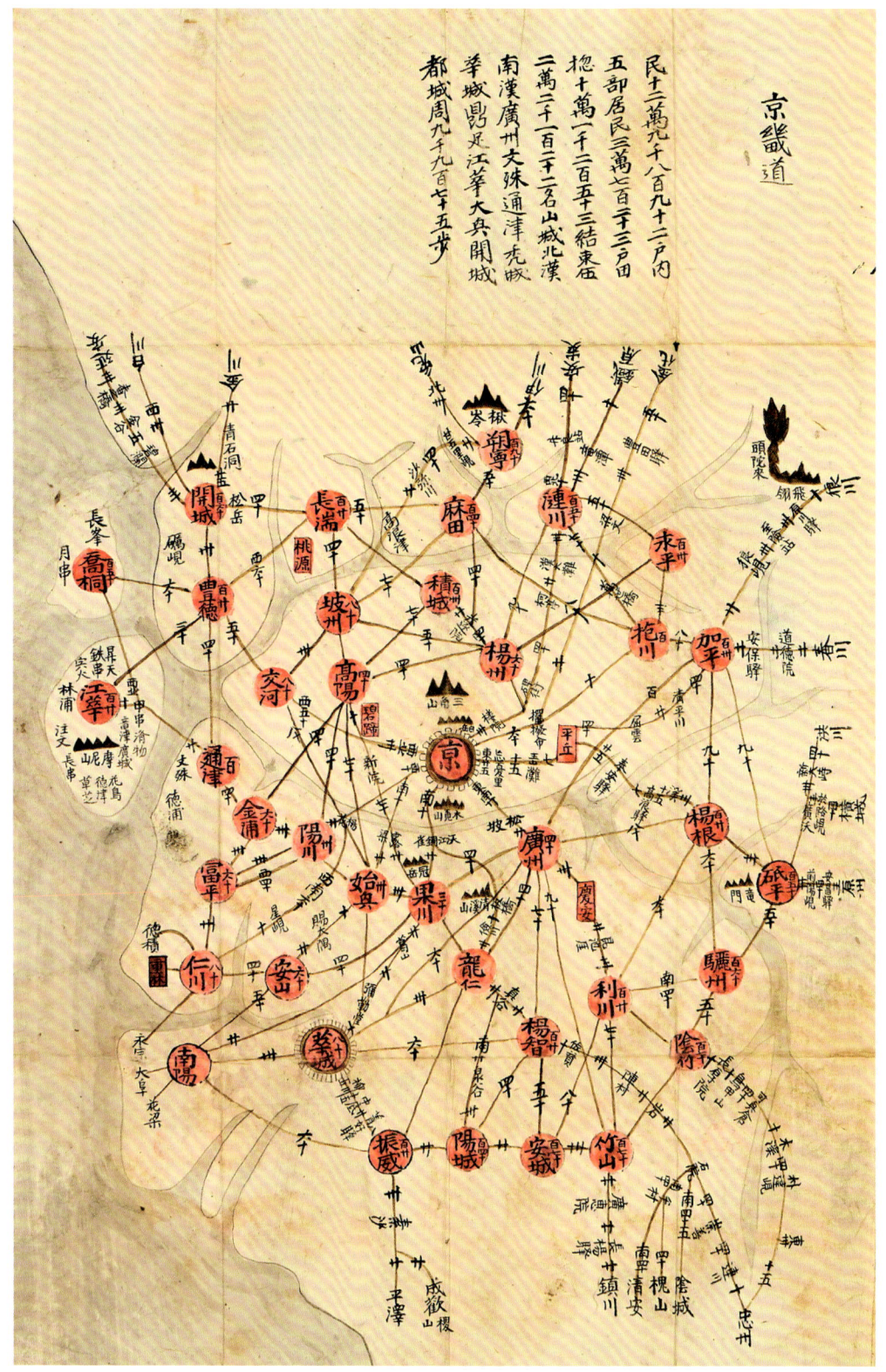

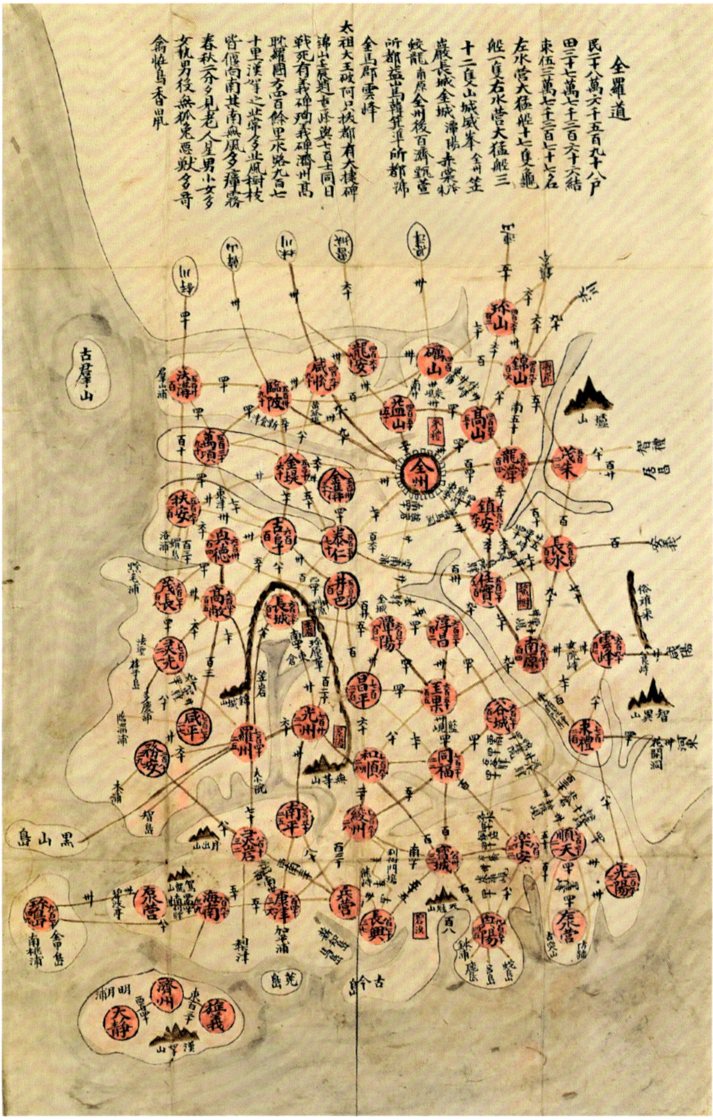
全羅道
民二十八萬六千五百九十八戶
田三十七萬七千三百六十六結
束伍三萬七千三百七十七名
左水營大猛船十七隻龜
船一隻右水營大猛船三
十二隻山城威峯全州笠
巖長城金城潭陽赤裳茂朱
蛟龍南原金州後百濟甄萱
所都益山馬韓箕準所都沸
金馬郡雲峰
太祖大王破阿只拔都有大捷碑
錦山趙憲高敬命與七百士同日
戰死有義碑殉義碑濟州古
耽羅國方四百餘里水路九百七
十里漢拏之北常多北風樹枝
皆偃向南其南無風多瘴霧
春秋分夕見老人星男小女多
女執男役無狐兎惡獸多奇
禽怪鳥香鼠
全州
古群山
黑山島
漢拏山
濟州
大靜
旌義
尙州
金山
開寧
居昌
陜川
晉州
咸陽
安義
南海

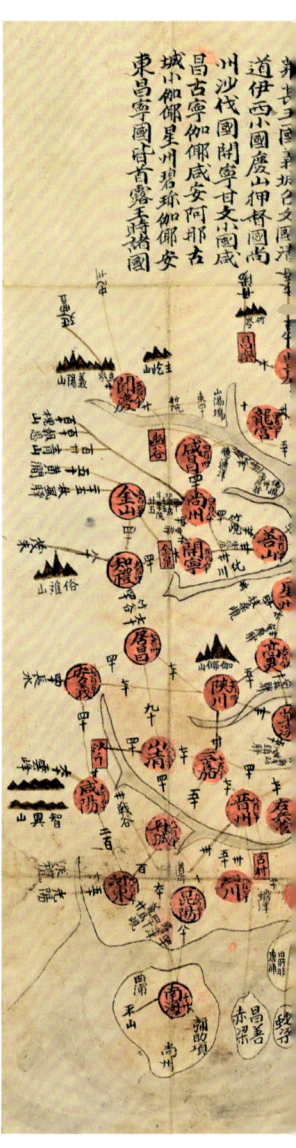

전라도全羅道

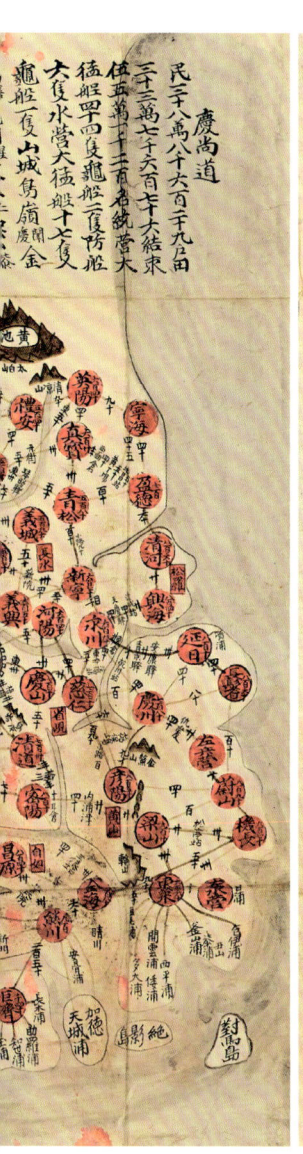

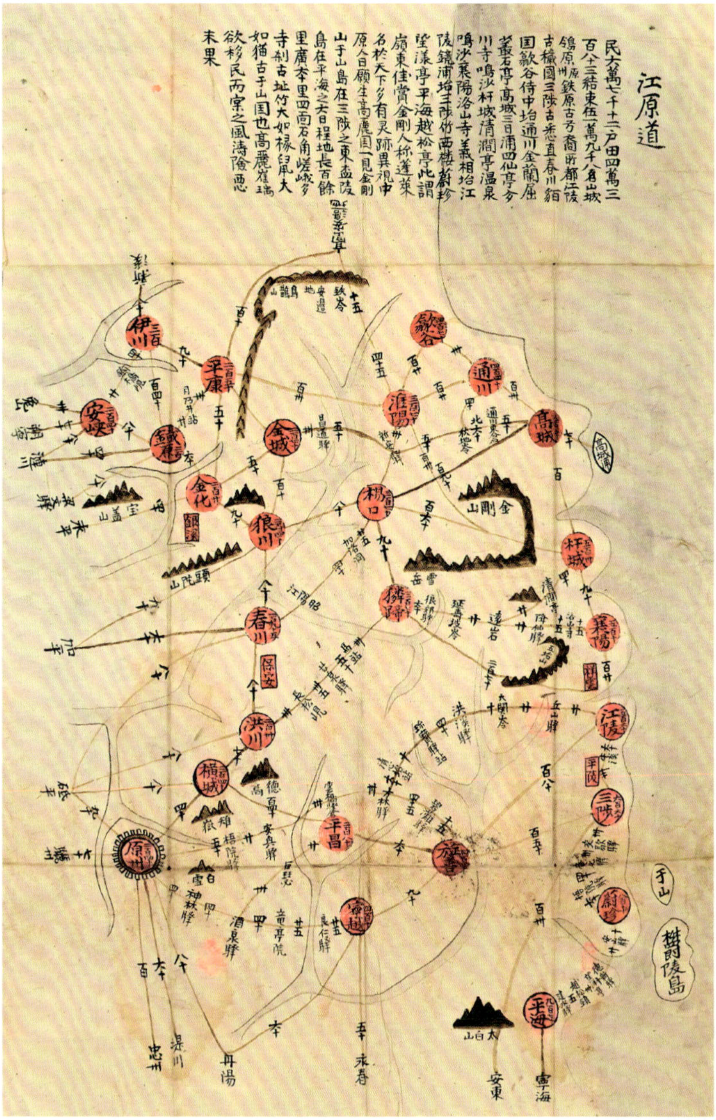

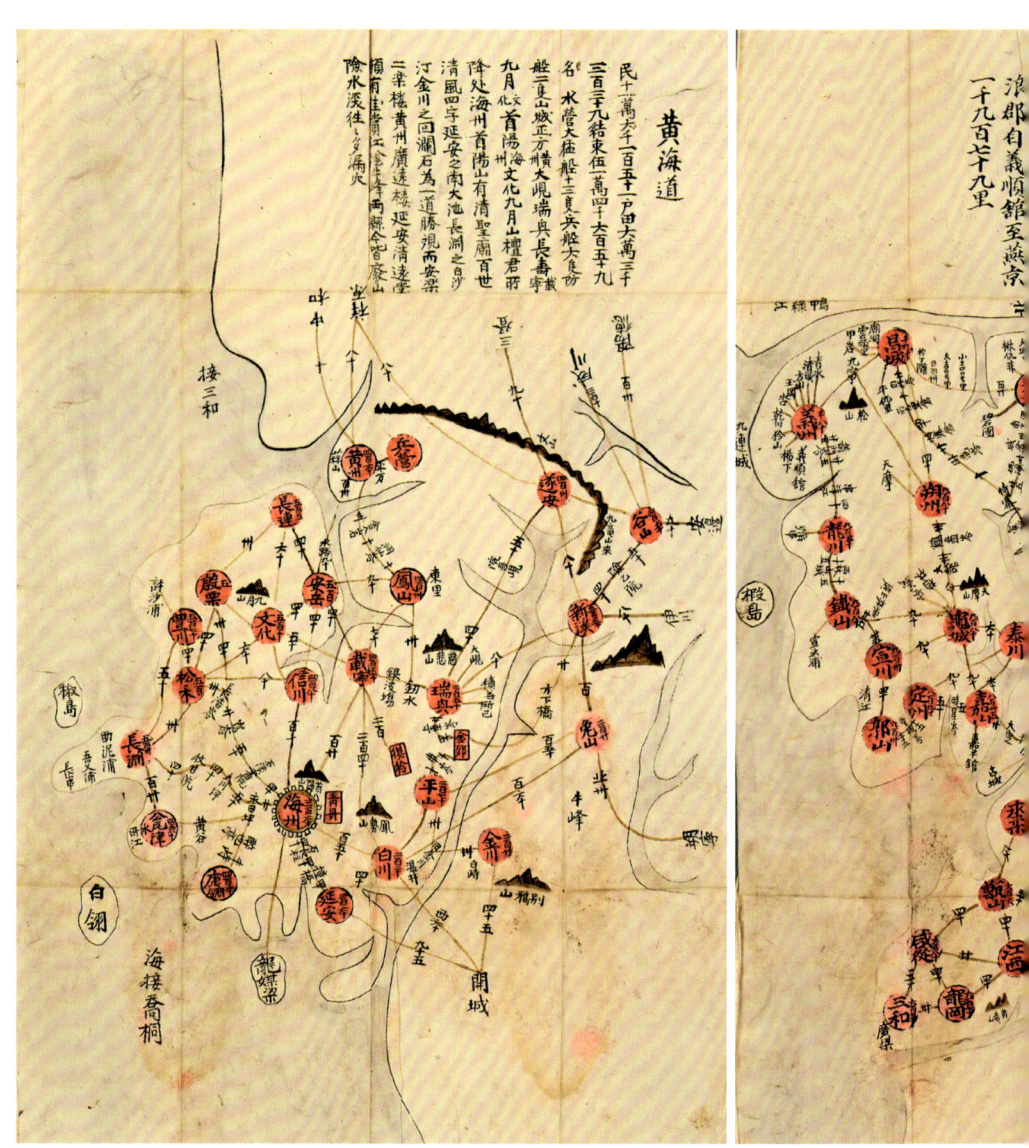

황해도 黃海道

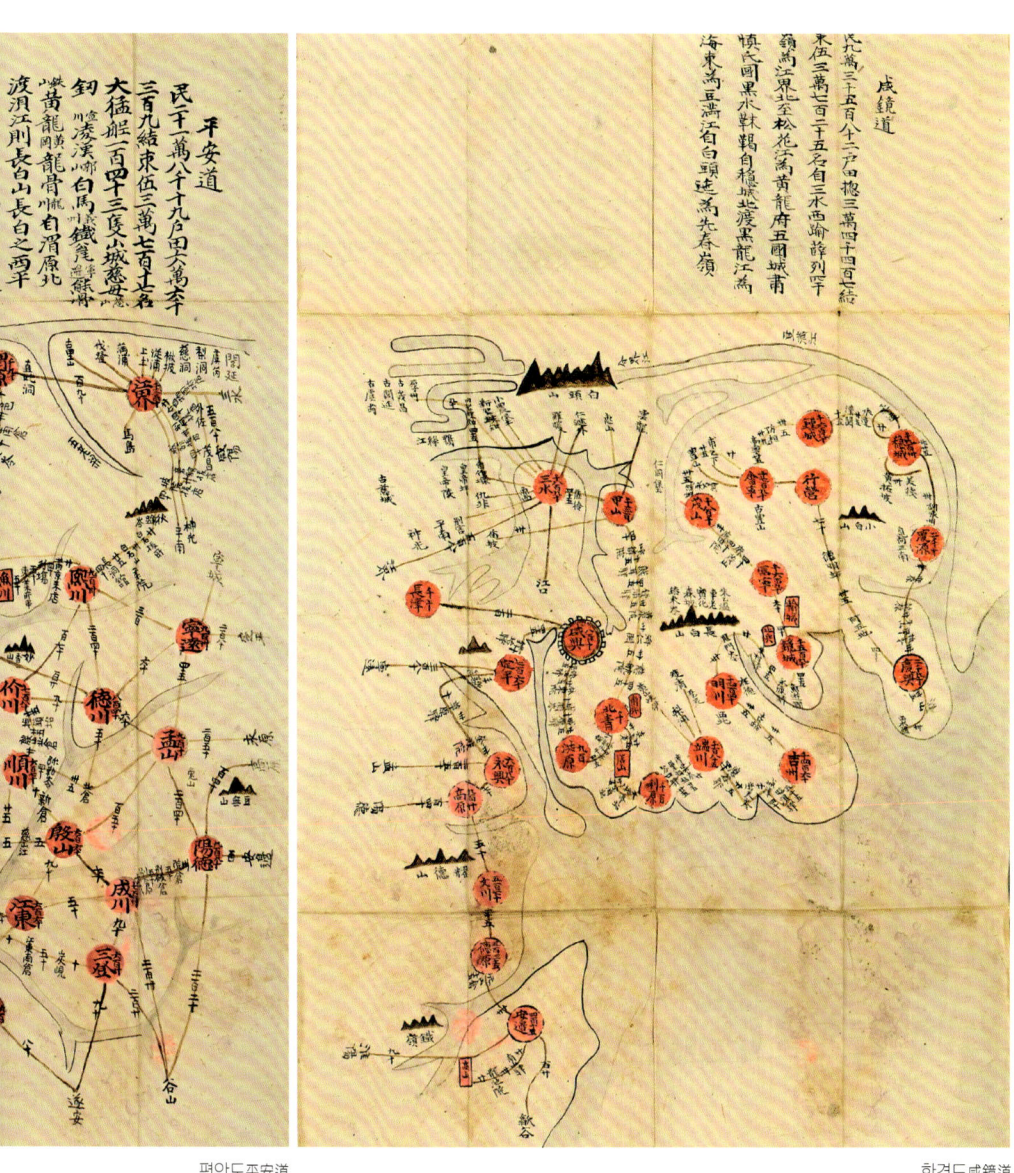

평안도平安道　　　　　　　　　　　　　　　　　함경도咸鏡道

28

청구승람 기봉여지 靑邱勝覽 箕封輿誌

1860년, 종이
7.7×14.2×0.5

각 도의 지도와 도리^{道里}, 인구수와 조세를 내는 논밭을 의미하는 호구전결^{戶口田結}이 기록되어 있다. 특히, 군대의 편성과 선박 현황을 나타내는 군오선집기^{軍伍船集記}에 충청도 수영^{水營} 거북선 2척, 전라도 좌수영 1척, 경상도 통영 2척, 평안도 6척 등이 기록되어 있다. 또한, 각 읍의 옛 지명을 나타낸 명읍고호^{名邑古號} 등이 기재되어 있고, 표지에는 경신년^{庚申年}에 필사하였다고 기록되어 있다.

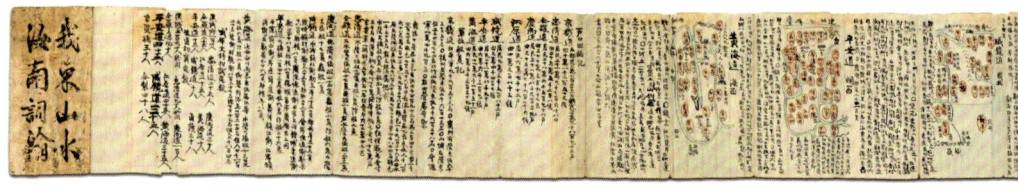

庚申政月初四日
箕封輿誌
平安道
咸鏡道
黃海道
京畿道
江原道
忠淸道
全羅道
慶尙道

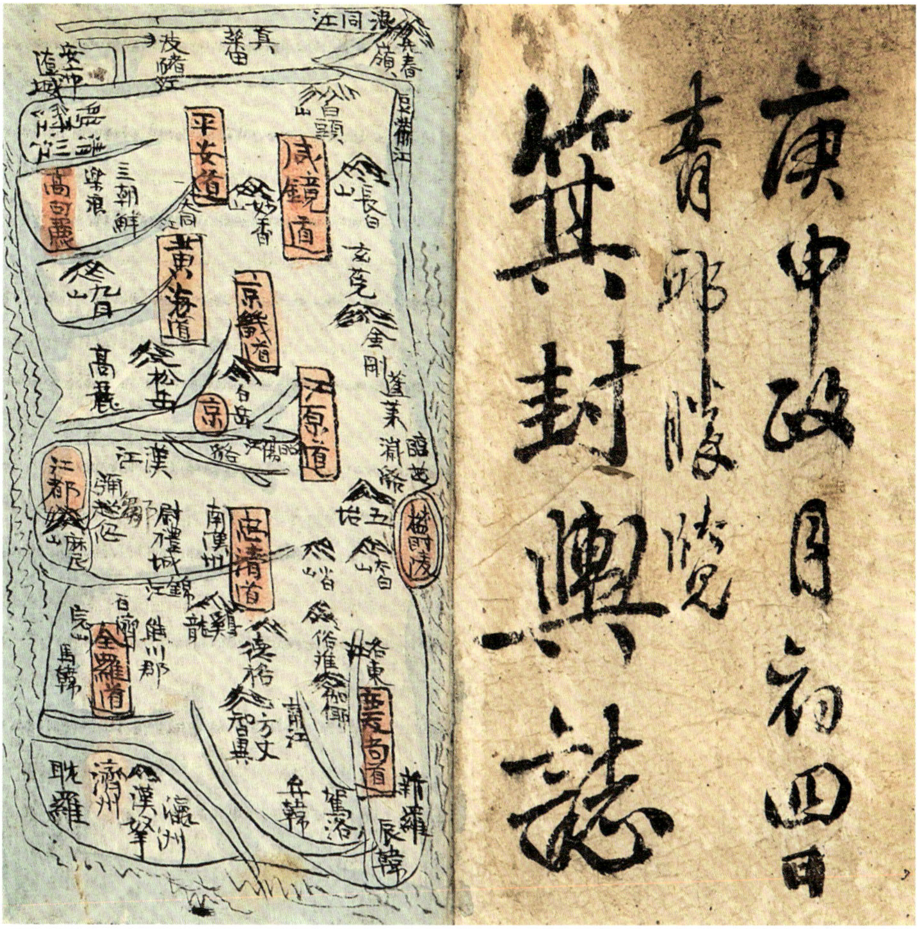

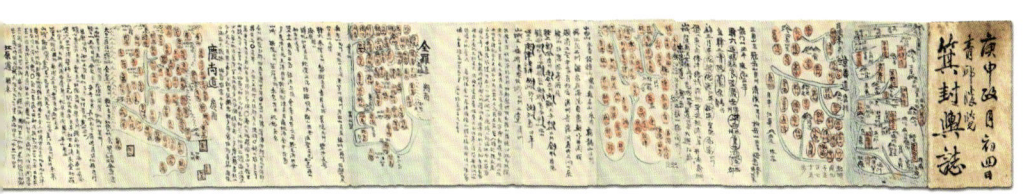

조선지도

3. 군현·도서 및 관방지도

군현지도는 조선시대 지방 행정의 기본 단위였던 부府, 목牧, 군郡, 현縣을 대상으로 그린 지도이다. 조선 후기에 이 지도의 내용과 형태에 있어 많은 발전이 이루어졌다. 제작 주체에 따라 관찬官撰과 사찬私撰으로 나누며, 지리 정보의 표현 방식에 따라 회화식과 기호식으로 구분하는 등 여러 유형으로 나누는 것이 가능하다.
관방지도는 군사시설, 군사적 요충지, 전략적으로 중요한 지역을 그린 군사지도이다. 지형 지세를 파악하여 적절한 장소에 군사시설을 마련하는데 이 지도는 필수적으로 이용되었다. 특히, 우리나라는 삼면이 바다로 둘러 싸여 해안지방에 군사시설이 많이 설치되어 있어 이들을 그린 관방지도가 많이 제작되었다.

29

강릉진관평해군지 江陵鎭管平海郡誌

18~19세기, 종이
21.6×34.6×0.8

18~19세기 초반에 제작된 평해군 平海郡, 현재 경상북도 울진의 군지 郡誌이다. 지도에는 평해의 유명한 정자인 월송정 越松亭과 온정 溫井, 온천, 망양정 望洋亭, 명계서원 明溪書院이 그려져 있고, 종4품의 만호 萬戶가 파견된 월성포진 越松浦鎭이 표시되어 있다.

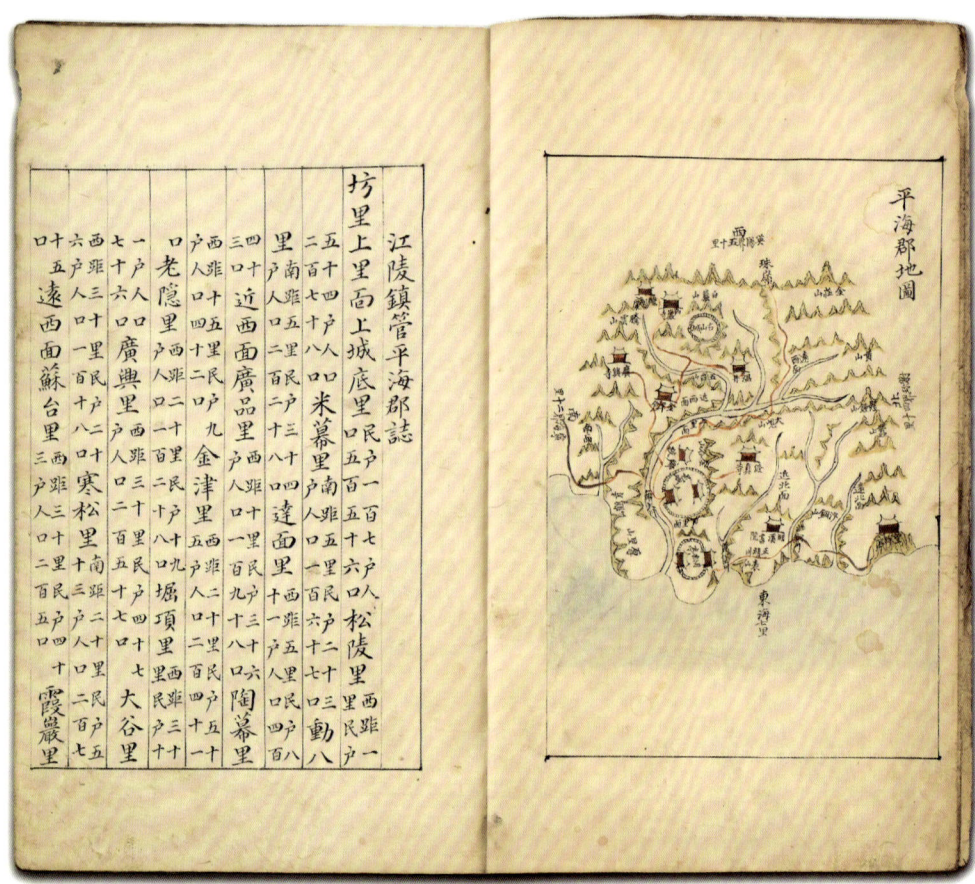

30
평안도 곽산군·선천군·철산군·용천군 지도
平安道·郭山郡·宣川郡·鐵山郡·龍川郡 地圖

19세기 말, 종이
62.8×94.6

평안도의 곽산군, 선천군, 철산군, 용천군을 그린 회화식 지도이다. 이는 지역의 지리적 정보 뿐만 아니라, 다양한 회화 기법을 통해 화원의 작품성도 엿볼 수 있다.
회화식 지도의 장점은 예술성이 높은 것 외에도, 우리가 잘 모르는 지역을 이해할 수 있도록 경관을 그려 두었기 때문에 지역의 특성을 잘 반영하고 있다. 따라서, 그 지역을 직접 가지 않아도 지역의 구조와 자연 및 인문 환경을 알 수 있다. 뿐만 아니라, 기호로 표현하기 어려운 지역의 경관과 분위기를 회화로 표현하여 알기 쉽게 보여준다.

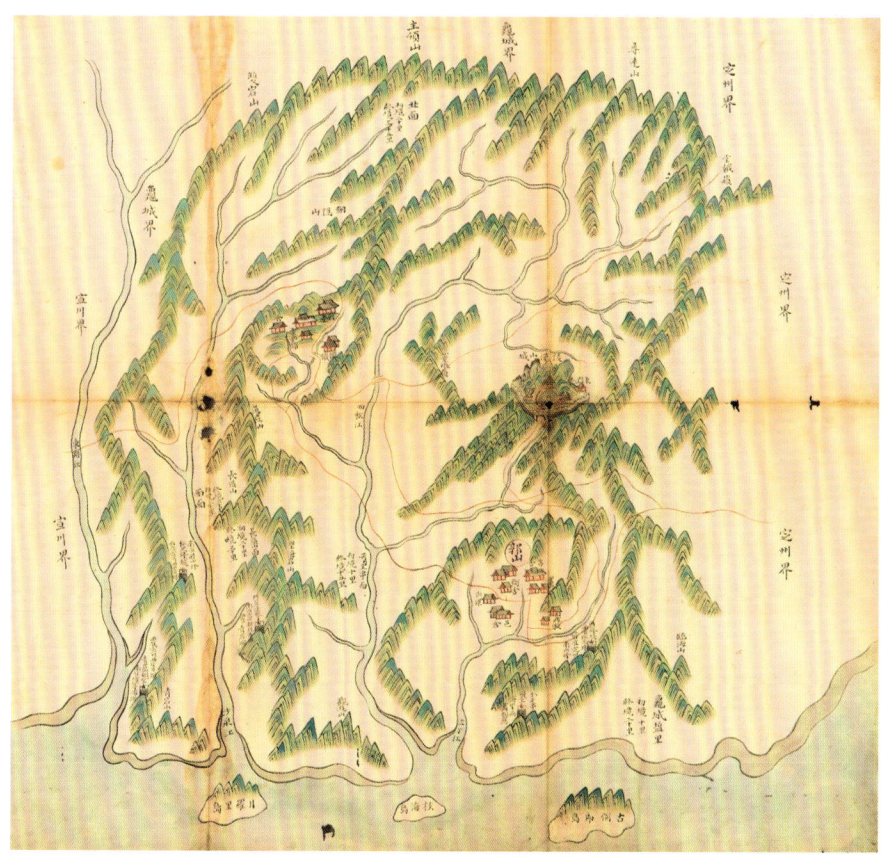

곽산군郭山郡

선천군宣川郡

철산군鐵山郡 　　　　　　　　　　　　　　　　　　　　용천군龍川郡

31

탐라지도 耽羅地圖

1706년 이후, 종이
67.5×98.3

탐라耽羅, 제주도 지역을 그린 목판본 지도이다. 지도 하단에 '강희병술각康熙丙戌刻'이라 적혀 있는데, 이는 목판본의 제작은 1706년에 되었고, 그 이후에 이 지도를 찍어낸 것으로 보인다. 지도의 방위는 육지에서 바라보는 방향으로 그려 남쪽이 지도 상단이며, 사방에는 간지에 의한 24방위를 표시하였다. 한라산을 중심으로 분포하는 산과 오름은 음각으로 새겼고, 산 중턱에 목장 경계선과 바다는 전통적인 파도 무늬를 그려 넣었다. 빈 여백에는 각 고을의 연혁과 거리 등을 표시하였다.

32

함경도 해안지도 咸鏡道 海岸地圖

조선 후기, 종이
20.6×29.8, 857.1×29.8

1870년대 이후에 함경도 지역을 나타낸 지도첩이다. 총 35면에 걸쳐 절첩식 형태로 제작하였으며, 함경도 덕원德源부터 단천端川까지 해양의 지형과 바다, 산, 마을, 섬들을 표시하고 있다. 17세기 이후 조선 팔도에서 가장 많은 지도가 제작되었던 함경도 지방은 조선 전기부터 계속된 지리 정보의 축적에도 불구하고, 지형의 왜곡이 가장 심하게 나타났던 지역 중 하나이다. 군사적 요충지였던 함경도의 특성상 현존하는 함경도 지도는 진, 병영, 봉수를 중심으로 하는 군사 목적의 지도가 대부분이다. 그에 비해 이 지도는 함경남도의 해안을 중심으로 기존의 군사 목적의 지도와는 다른 양상을 띠고 있다. 지도의 위, 아래에 기록이 있는데, 육지⇨바다 쪽으로, 바다⇨육지 쪽으로 서로 마주 보는 방향으로 필사되어 있다. 지도의 상·하 여백에 해안지형과 마을의 모습을 상세하게 기록하였는데, 각 마을마다 본 읍에서의 거리, 지역 간의 수로 거리, 가구 수, 수심과 창고·염막 등 주요 시설에 대해 설명하였다. 수심은 바로 앞 수심과 먼 곳의 수심을 나누어 기록하기도 하였다.

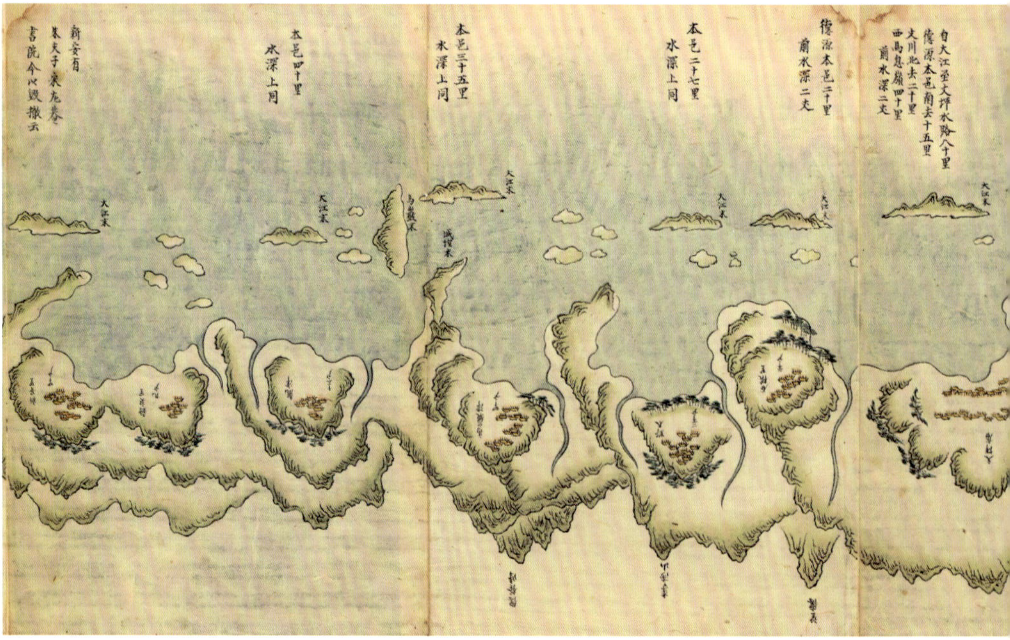

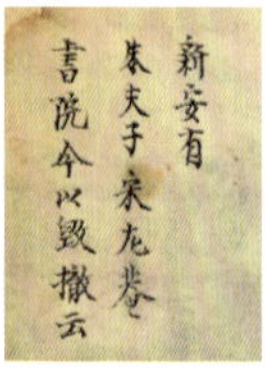

新安有朱夫子宋尤庵書院今以毁撤云

新安有朱夫子宋尤庵書院今以毁撤云

'신안의 주부자주희, 朱熹, 송우암우암 송시열, 宋時烈서원이 있는데 지금은 훼철되었다.'
이는 용진서원龍津書院의 창건과 훼철을 파악할 수 있는데, 흥선대원군의 서원철폐령1871년
이후의 시점으로 짐작할 수 있다.

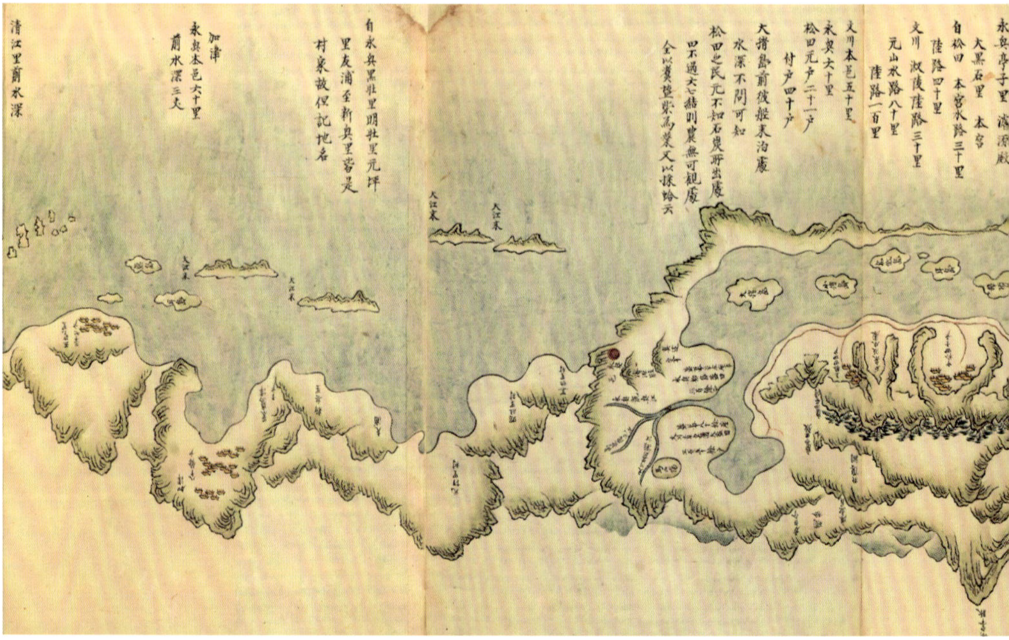

慶源元山圖
本邑北去三十五里
安邊南去三十五里
鶴浦南去八十里
鐵嶺南去百里
三方秋加嶺一百六十里
西開運嶺馬息嶺六十里
元山十四洞元戶百個戶
村戶千餘家云
前水深二丈
中洋大七丈
外洋無底

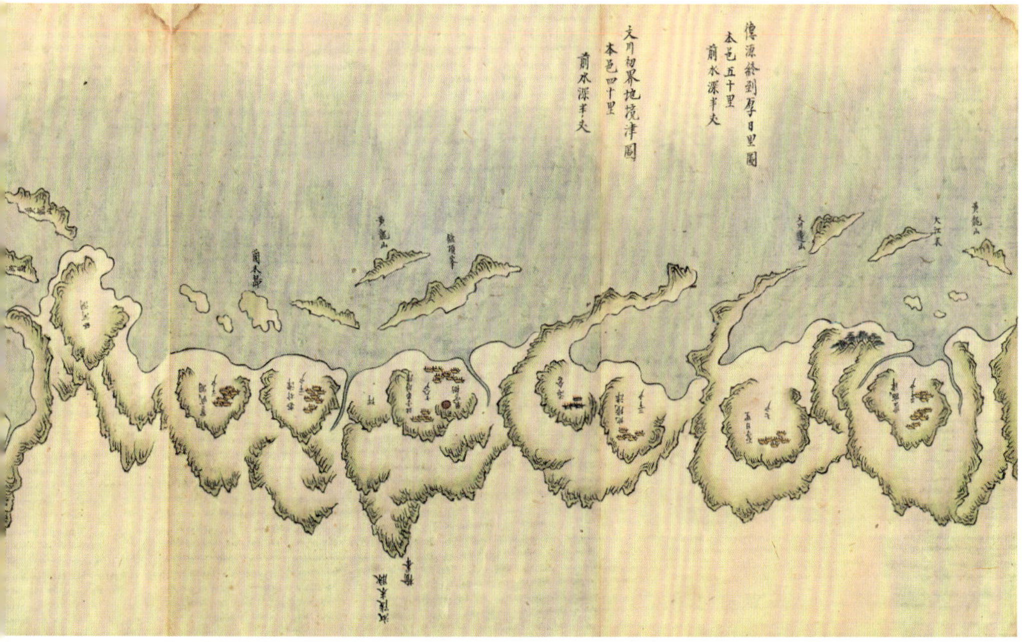

慶源撤到厚日里圖
本邑五十里
前水深半丈

文月切界地境津圖
本邑四十里
前水深半丈

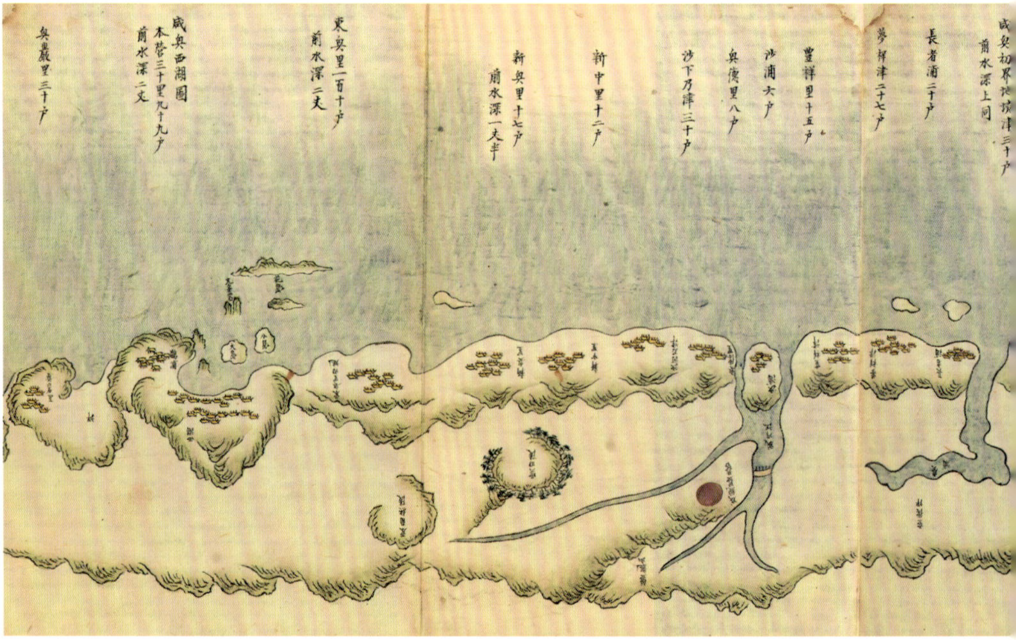
咸興初界地境津三十户
前水深上同
長者浦二十户
夢祥津二十七户
豐祥里十五户
沙浦六户
興德里八户
沙下乃津三十户
新中里十二户
新興里十七户
前水深一丈半
東興里一百十户
前水深二丈
咸興西湖圖
本營三十里九十九户
前水深二丈
興巖里三十户

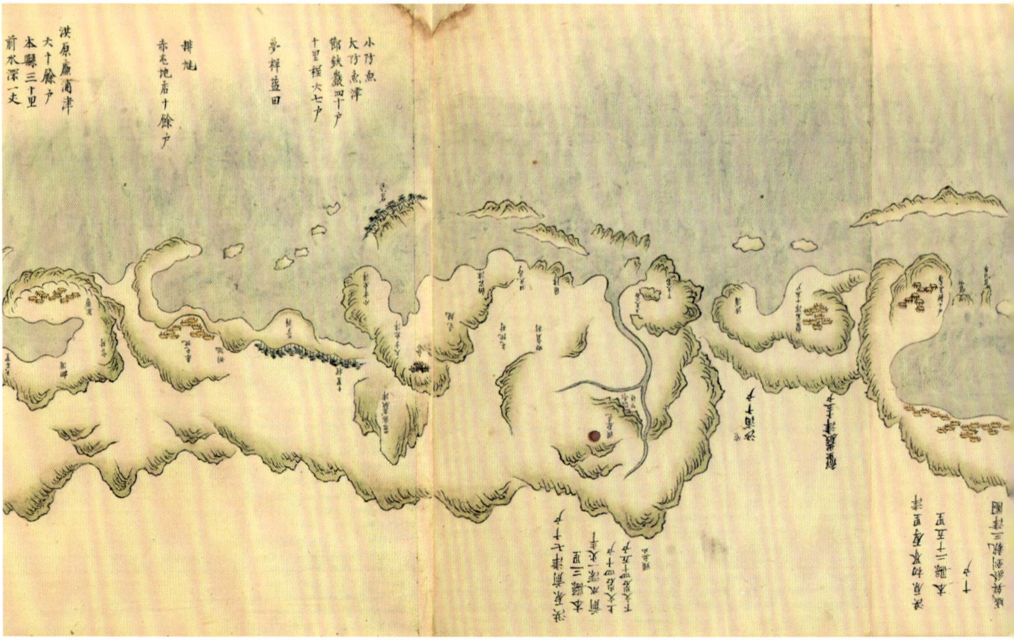
小防魚
大防魚津
鄭鉄巖四十户
十里程六七户
夢祥藍田
排灘
赤屯地店十餘户
洪原廣浦津
大十餘户
本縣三十里
前水深一丈

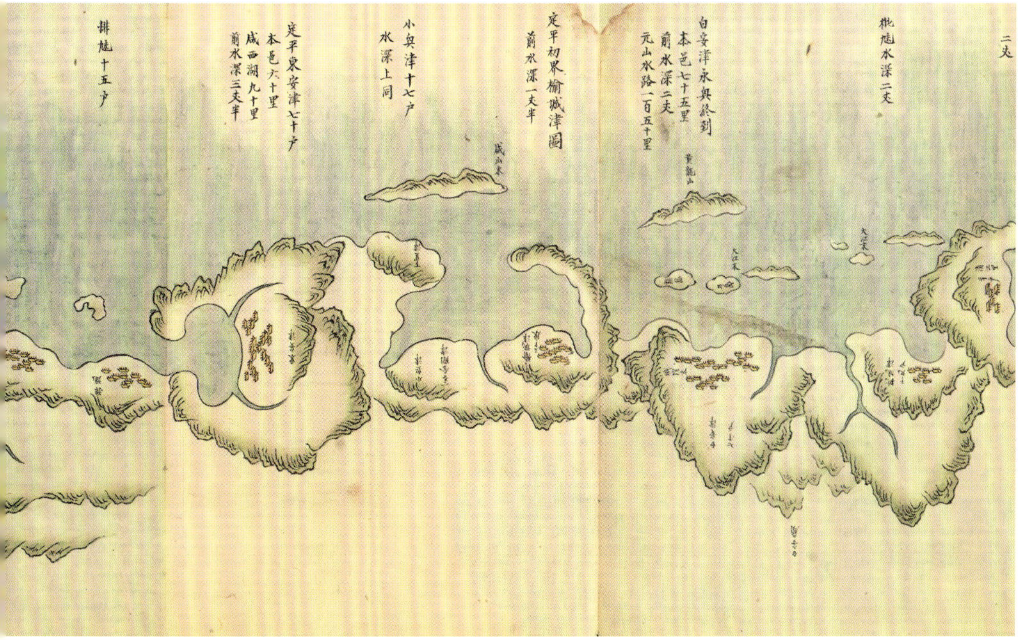
二丈
枇𧎘水深二丈
白安津永興終到
本邑七十五里
前水深二丈
元山水路一百五十里
黃龍山
定平初界榆城津圖
前水深一丈半
咸山末
小與津十七戶
水深上同
定平東安津七十戶
本邑六十里
咸西湖九十里
前水深三丈半
排𧎘十五戶

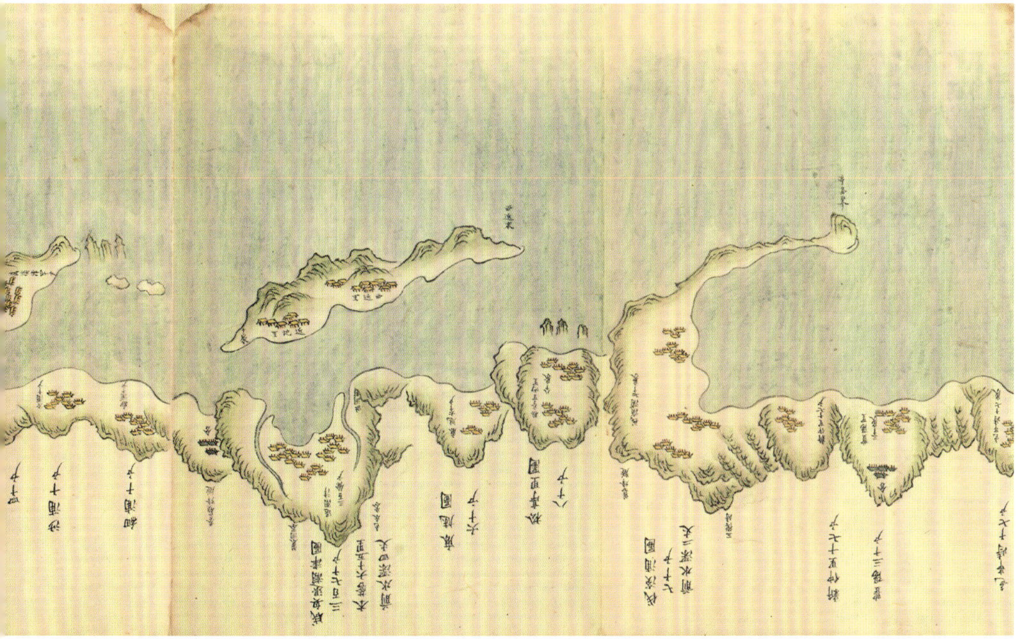

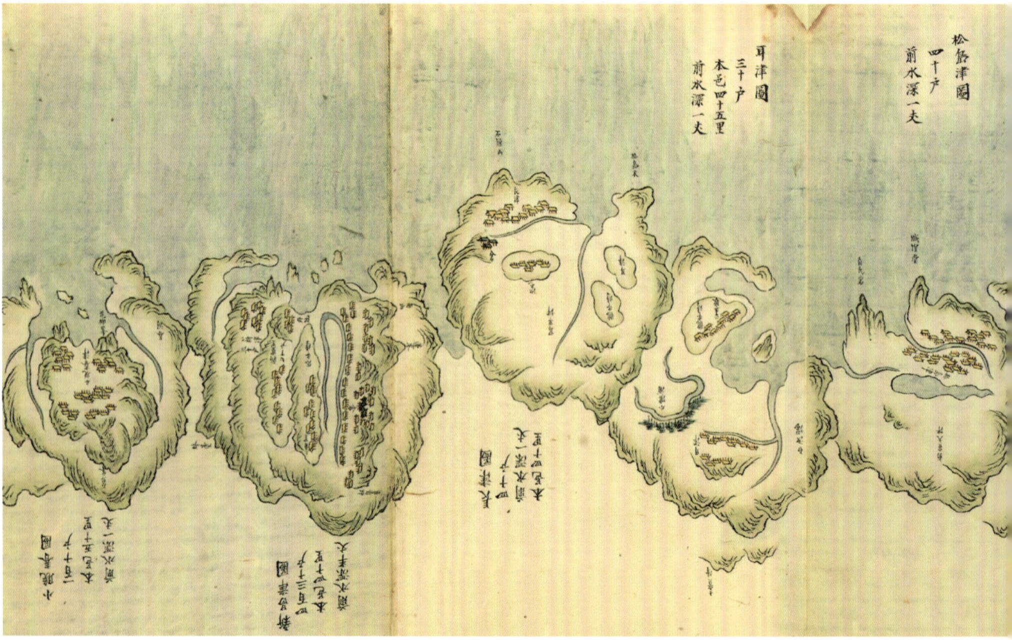

（古地図：判読可能な主な注記）

松路津図
四十户
前水深一丈

耳津図
三十户
本邑四十五里
前水深一丈

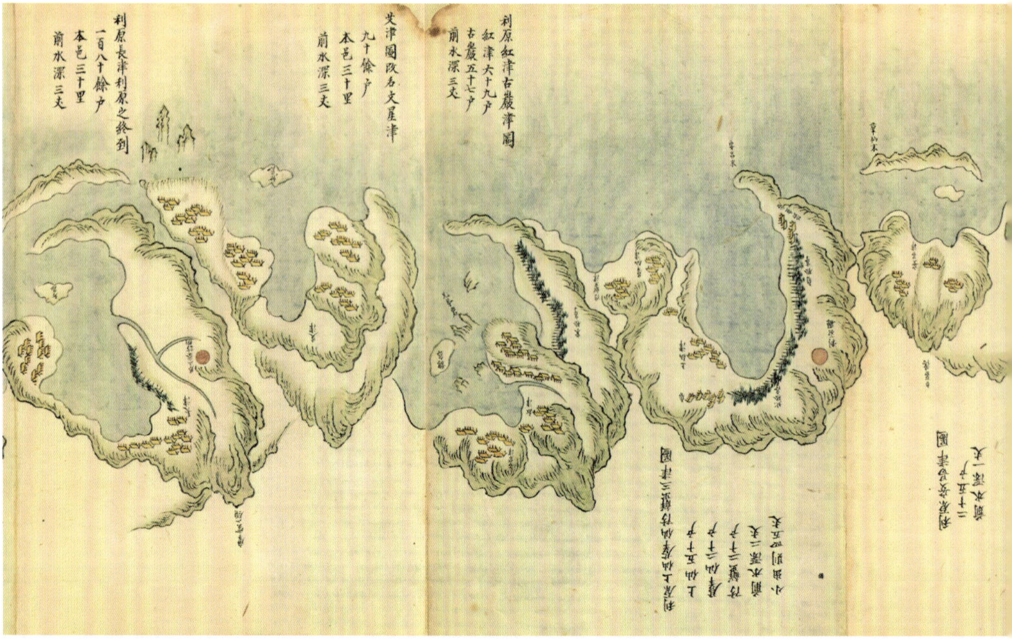

利原紅津古巖津図
紅津大十九户
古巖五十七户
前水深三丈

史津図改名文尾津
九十餘户
本邑三十里
前水深三丈

利原図
長津利原之稱利
一百八十餘户
本邑三十里
前水深三丈

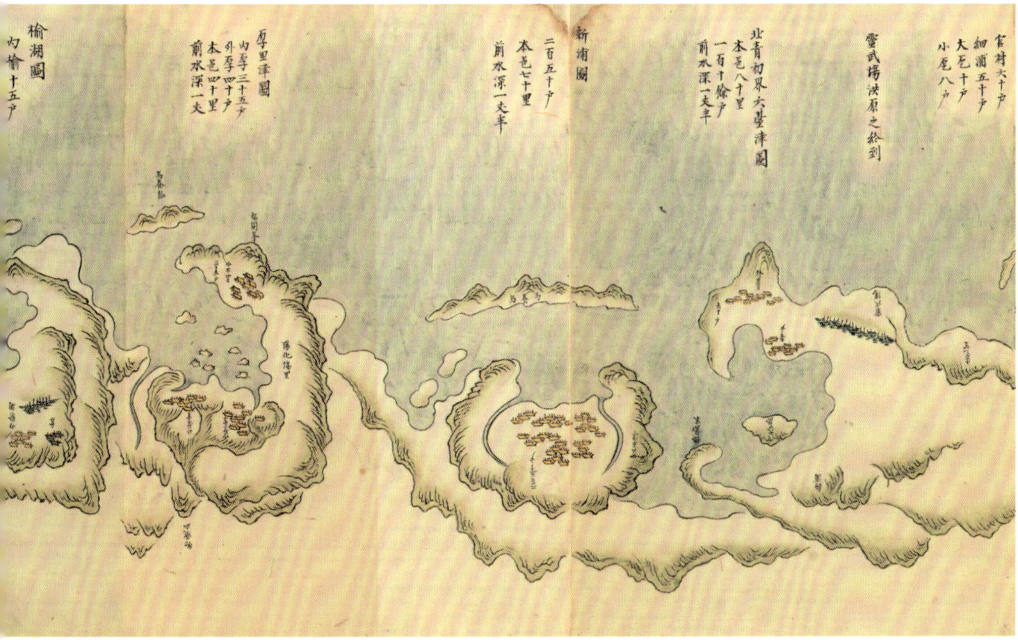

榆湖圖
勾嶺十五戶

厚里津圖
内等三十五戶
外等四十戶
本邑四十里
前水深一丈

新湳圖
二百五十戶
本邑七十里
前水深一丈半

北青初界大墓津圖
本邑八十戶
一百十餘戶
前水深一丈半

雪武塲浹眉之抬釗
官垈六十戶
細浦五十戶
大尾十戶
小尾八戶

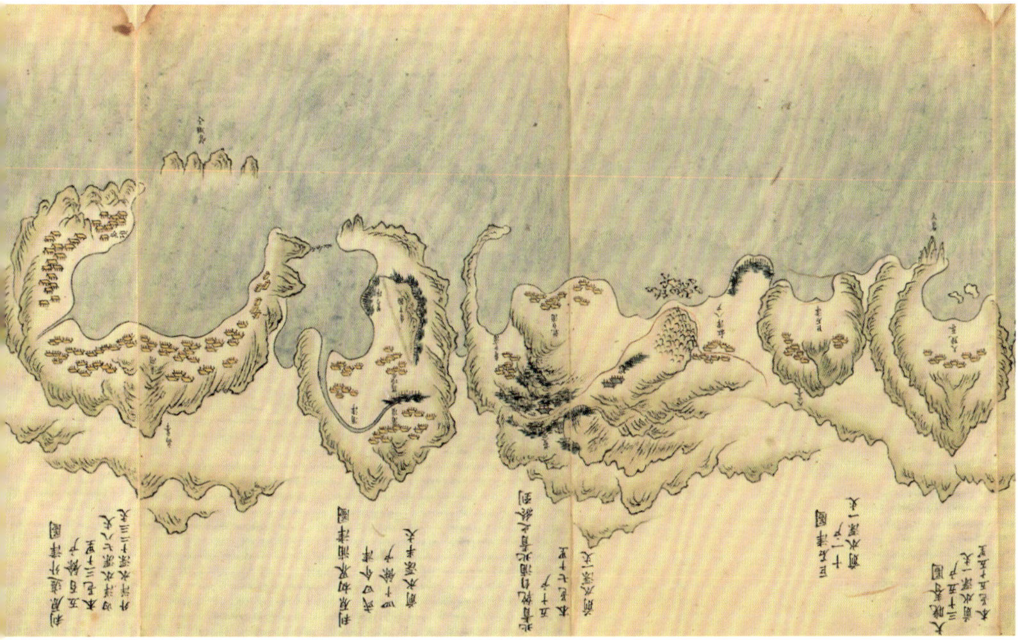

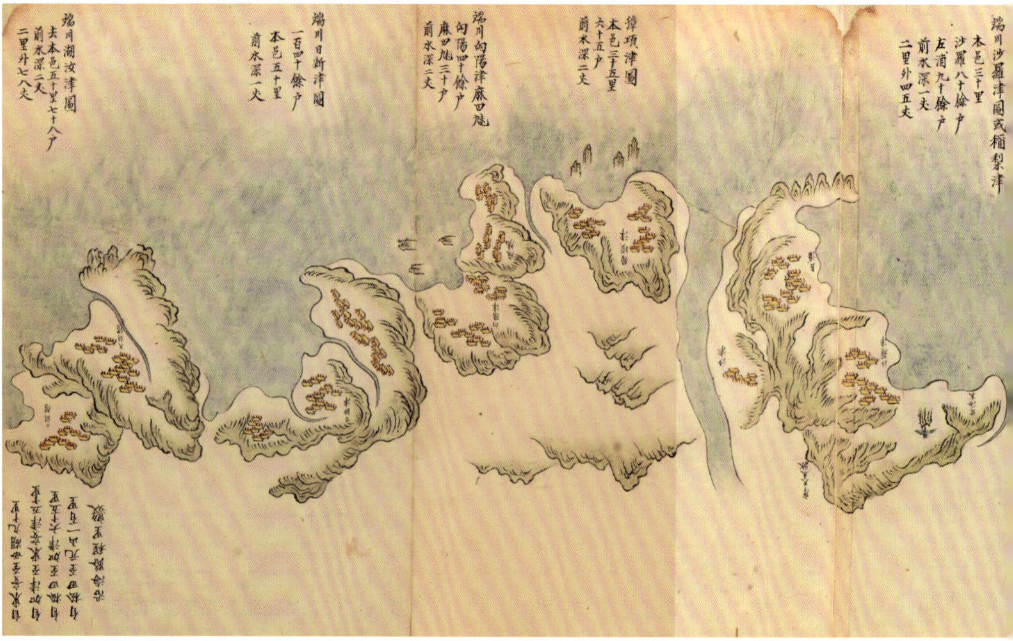

端川沙器津圖或稻梨津
本邑三十里
沙原八十餘戶
左浦九十餘戶
前水深一丈
二里外四五丈

端川鄣項津圖
本邑三十五里
六十五戶
前水深二丈

端川勾陽津圖
勾陽四十餘戶
麻口胡三十戶
前水深二丈

端川日新津圖
本邑五十里
商水深二丈

端川湖汝津圖
去本邑五十有七十八戶
前水深二丈
二里升七八丈

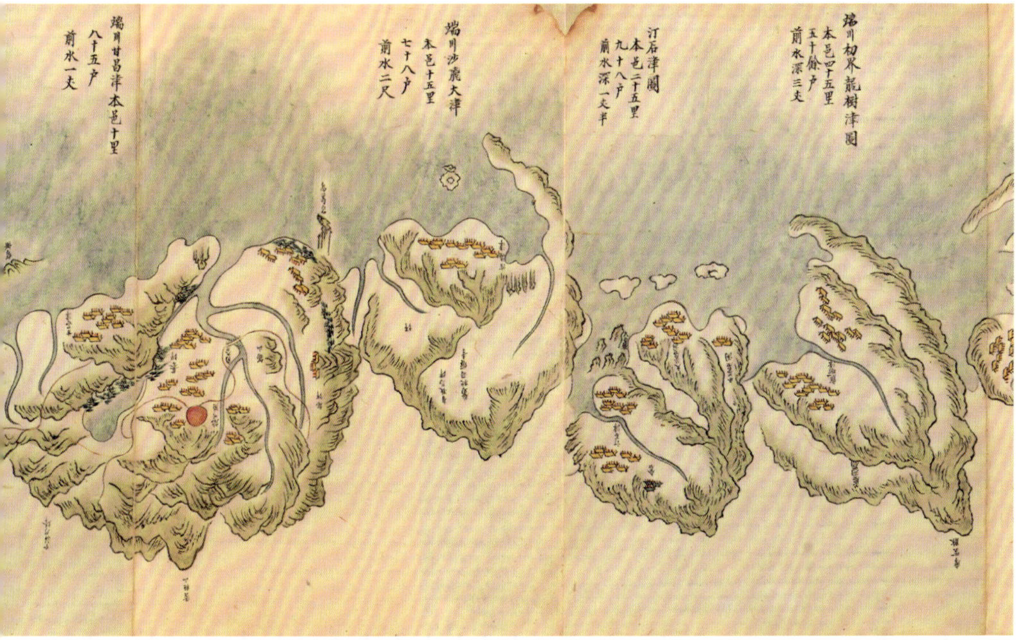

端川甘昌津本邑十里
八十五戶
前水一丈

端川沙麓大津
本邑十五里
七十八戶
前水二尺

汀石津關
本邑二十五里
九十八戶
前水深一丈半

端川初峯龍樹津圖
本邑四十五里
五十餘戶
前水深三丈

洞浦津圖端川之餘利
七十八戶
去本邑七十里
吉州城津六十里
前水深二丈

33

통영성도 統營城圖

18~19세기, 종이
42.0 x 59.0

통영이라는 지명은 삼도수군통제영三道水軍統制營의 줄인말로 임진왜란 때 이순신 장군이 한산도에서 큰 승리를 거둔 뒤, 선조 37년 삼도수군통제영을 두룡포(현재 통영)로 통제영을 옮긴 데서 비롯되었다. 통제영統制營, 동서남북 4대문, 강구江口, 동서 파수把守, 제승당制勝堂 청남루淸南樓, 주위 섬들이 표기된 지도이다. 일반적인 필사본 지도에서 확인되지 않는 굵은 테두리가 둘러져 있으며 모식도와 같은 집의 표현 등 민화풍으로 그려졌으나, 기본적으로는 산수화 필법을 따르고 있는 지도이다. 개성전주통영성도開城全州統營城圖라는 표제로 보아 본래 3장의 지도가 1조를 이루었을 가능성이 있다.

주제도

지역을 대상으로 여러 현상을 종합적으로 나타낸 일반 지도가 있는 반면, 지역 내의 특정 현상이나 주제를 중심으로 그린 지도를 특수 지도 또는 주제도라고 부른다.

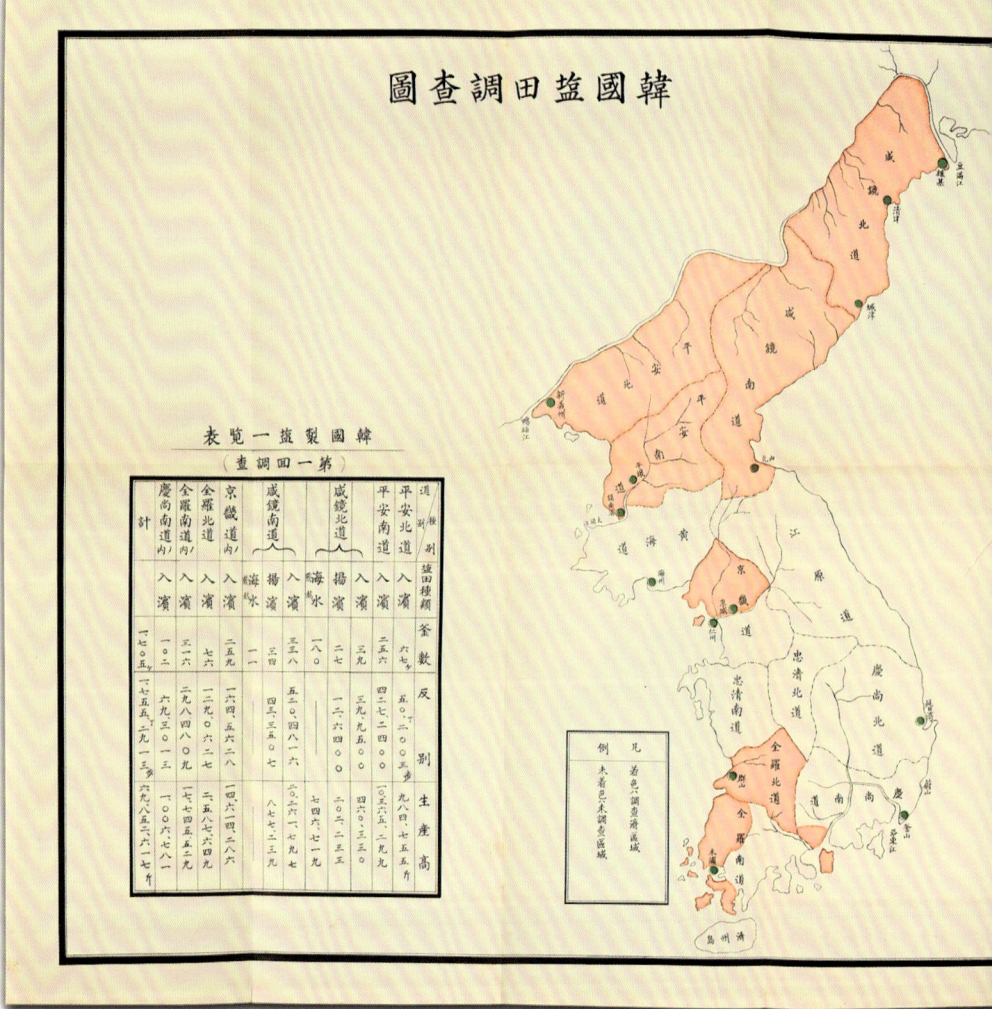

34
한국염업조사보고 韓國鹽業調査報告

조선 후기, 종이
15.2×22.3×3.2

조선 후기 재무행정을 관장하던 중앙 관청인 탁지부度支部에서 발간한 우리나라 염전과 관련한 조사 보고서이다. 염전에 대한 정보를 담고 있는 각 도의 지도가 수록되어 있다. 한국염전조사도韓國鹽業調査圖에는 전국의 염전의 위치를 초록색 원 모양으로 표시하였고, 염전의 종류, 부수 등을 간략하게 표로 나타내었다. 당시 주요 염전의 위치는 부산, 목포, 인천, 군산 등이 있다.

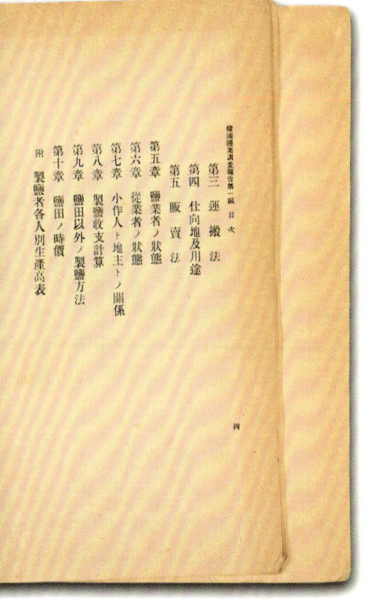
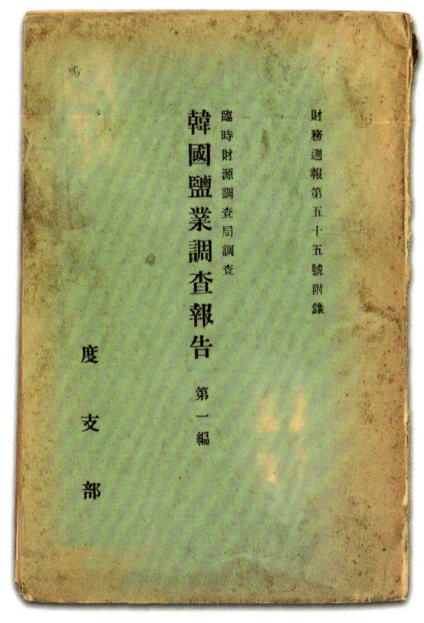

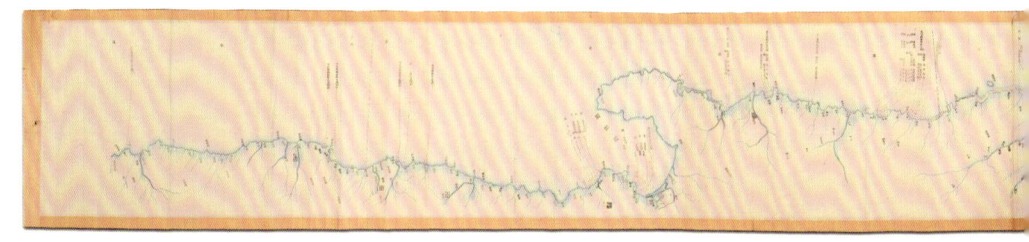

35
삼중현한해어업조합지예망어장연락도 三重縣韓海漁業組合地曳網漁場連絡圖

20세기 초, 종이
312.0×27.0

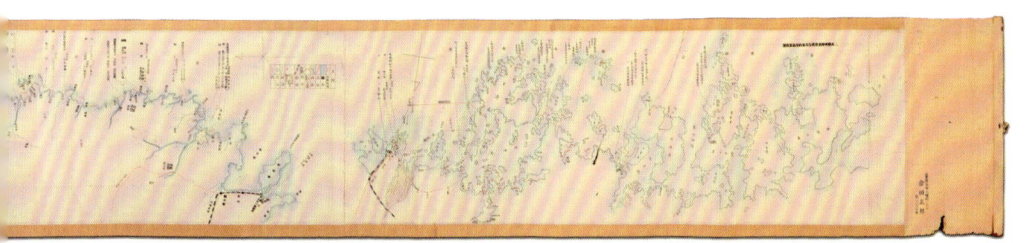

남해와 동해를 따라 형성된 지예망地曳網, 후릿그물 어업의 허가 현황을 그린 지도이다. 남해는 전라남도에서 부산까지, 동해는 부산에서 죽변까지의 내용들이 기록되어 있다.

1908년에 발행된 『한국수산지韓國水産誌』 제1집 각종 어구의 설명에서 지예망地曳網과 휘리망을 동시에 표기하고 있다. 전자는 일본식 명칭이며, 문헌상 후릿그물이 휘리揮罹라는 명칭으로 자주 등장하게 된 시기는 조선 후기부터이다. 후릿그물은 바다나 강에서 물고기를 잡는 데 쓰는 큰 그물로, 구조가 간단하고 사용법이 쉽다.

이 지도에는 연필로 쓰여진 '명치35년 납입'이란 메모가 있으나, 이것을 연대로 볼 수는 없다. 그러나 부산에 철도가 있는 것으로 보아 1904년 이후, 사상과 사하면의 지명이 정리된 1910년 사이에 만들어진 것으로 보인다.

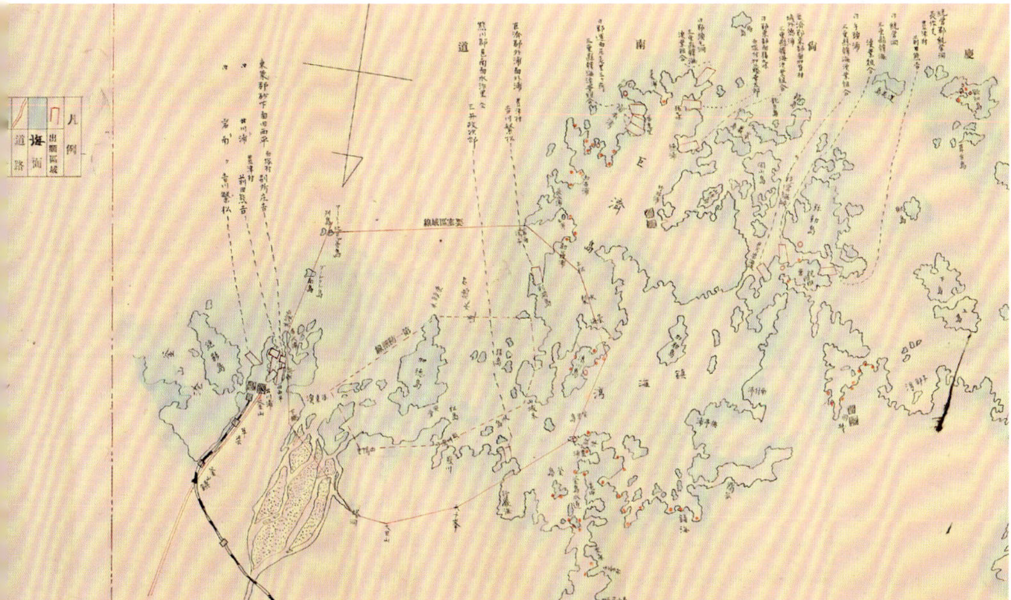

36

조선수산해도 朝鮮水産海圖

일본, 1948년, 종이
78.0 x 108.0

일제강점기 이후 우리나라 수산업의 중요한 정보를 담은 지도이다. 수산물 통계와 어종별 명칭, 수량과 가격이 범례에 있고, 각종 수산업과 관계된 기관들이 도식되어 있다.
연해안에는 대표 어종의 이름이 기재되어 있는 지도로, 연해 수심 표시와 함께 수산과 관련한 많은 정보를 담고 있는 지도이다.

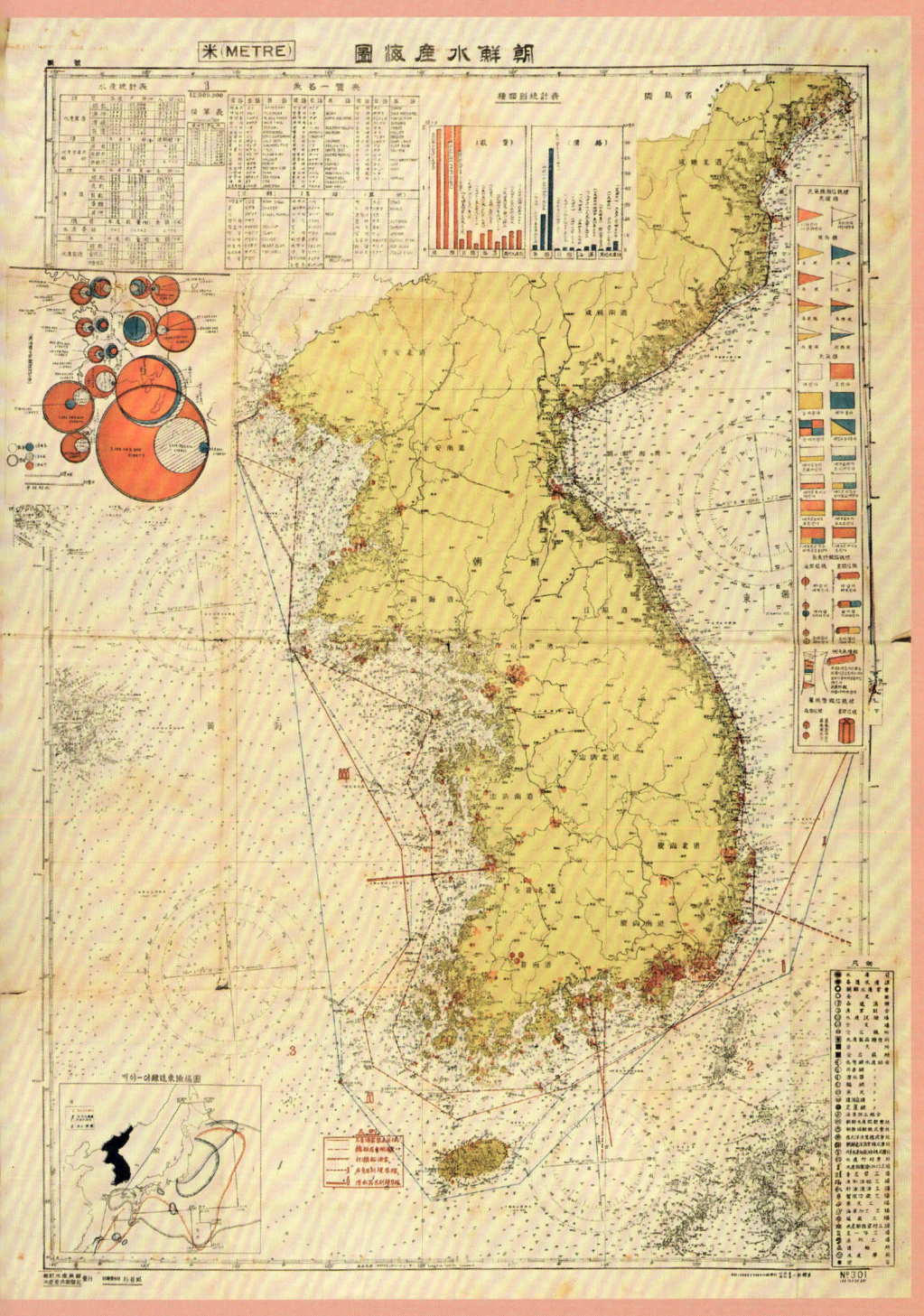

특별논고
참고문헌

조선, 해안의 지도를 그리다.
− 『함경도해안지도』를 중심으로 −

김기혁

부산대학교 명예교수, 대동여지도아카이브

1. 들어가면서
2. 서북 및 남해 해안지도
  1) 『서북해역도』
  2) 『고려중요처도』·『영호남연해형편도』
3. 『함경도해안지도』
  1) 서지 형태
  2) 해안 마을 내용
4. 맺음말

1. 들어가면서

 인류 역사는 바닷길을 개척하면서 이루어졌다. 1492년 콜럼버스(Christopher Columbus, 1451~1506)가 위대한 것은 신대륙 발견보다는 유럽과 아메리카 대륙을 오갈 수 있는 대서양 항로를 개척하였기 때문이다. 새로운 바닷길은 서구 근대의 시작이었다. 대서양을 건너 새로운 땅을 발견한 유럽인들은 그들이 명명한 지명을 지도에 기재하였다. 항해가 빈번해지고 지리 지식이 축적됨에 따라 지도 제작의 범위를 확대하여 갔다.
 바다는 육지를 가르면서 땅의 모습을 결정짓는다. 외적 침입의 방어벽이며 동시에 이웃과 교류의 공간이다. 해안은 해양과 육지 에너지의 균형에 의해 물리적인 모습이 결정된다. 이는 어촌 생활공간인 동시에 국가로서는 강역의 변방이었다. 바다 너머 침입하는 적을 방어하는 일차적인 저지선이면서 동시에 바깥 세계로 나가는 통로였다. 이질적인 문화와 접점을 이루는 장소였기 때문에 문화의 융합이 가장 먼저 일어나는 곳이기도 하다.

삼면이 바다로 둘러 싸인 우리나라의 역사는 바다와 함께 하였다 해도 과언이 아니다. 동해와 황해, 남해는 해양의 물리적인 조건이 차이가 날 뿐만 아니라 이웃 국가와의 관계에서 지정학적인 내용을 달리하고 있다. 역사적으로 황해와 남해는 고구려, 백제와 통일신라, 고려, 조선 등의 한반도 세력과 중원의 수·당·송과 명·청나라 등과 관계가 이루어졌던 무대였다. 바다를 통해 경제와 문화 교류가 활발하게 이루어졌으며 때로는 중원세력의 침입 경로가 되기도 하였다.

일본과는 동해와 남해를 통해 교류가 이루어졌다. 고구려는 동해를 지나 왜와 교역하였으며, 신라가 우산도를 정복하면서 바다의 주도권을 잡게 되었다. 백제는 남해를 건너 일본에 불교 문화를 전달하였다. 고려와 조선시대들어 일본 왜는 동해를 너머 끊임없이 노략질을 시도하였다. 임진왜란때 왜의 침입을 막아낸 것은 남해 바닷길이었다. 근·현대 들어서도 우리의 세계 진출 역사는 바닷길을 통해 이루어졌다.

전통시대에 이와 같은 바다의 중요성으로 인해 해안에는 성곽이 축조되고 관방진·봉수와 함께 해안 포구가 만들어졌다. 또한 강역의 지도를 그리면서 해역의 내용을 상세하게 그렸다. 조선 전기에는 남해와 서해의 제주도를 비롯한 섬들이, 동해에는 울릉도와 우산도가 그려졌다. 후기에 들어서는 안용복 사건 이후 동해 수토搜討가 이루어지면서 울릉도 일대를 자세하게 그린 지도들이 제작되었다. 18~19세기의 군현지도와 조선전도에도 해방 내용이 상세히 묘사되었다. 18세기 중반 정상기鄭尙驥, 1678~1752는 남해과 서해 바다에 해로가 그려진 『동국대지도』를 만들었다. 또한 1872년에는 해안 관방진의 내용을 상세하게 담은 지도가 낱장으로 제작되었다. 이들 지도에는 당시 서구 세력에 대응하면서 높아진 해방海防 의식이 반영되어 있다.

고을이나 관방진을 대상으로 그린 지도와 다르게, 바다 해역만을 중심으로 해안을 연결하여 그린 지도도 적지 않게 남아 있다. 이들은 해로와 해방 뿐만 아니라 다양한 내용을 담고 있어 주목된다. 대표적인 지도로는 남해안의 『영호남연해형편도』와 『고려중요처도』, 서해 북쪽의 『서북해역도』, 동해 함경도 해안의 『함경도해안지도』이하 『함경도지도』, 국립해양박물관 소장와 『경상좌수영지도慶尙左水營地圖』규장각, 『해서경기해로도海西京畿海路圖』규장각가 있다. 특히 『함경도지도』의 경우 해안을 그렸음에도 불구하고 기존 관방지도와는 다르게 어촌의 묘사를 시도하고 있다. 본 논고에서는 이들 중 주요 해안 지도를 비교하고, 『함경도지도』에 그려진 내용을 통해 당시 지도에 표현된 해안 인식의 내용을 분석하고자 하였다.

2. 서북 및 남해 해안지도

1) 『서북해역도』

그림 1. 『서북해역도』(18세기, 83.0×272.0cm, 신경준 종가)

(1) 서지 형태

여암 신경준 종가에 소장되어 있는 지도로, 전라북도 유형문화재 89호로 지정되어 있다 그림1. 제작자인 신경준 申景濬. 1712~1781은 1770년 영조46에 20리방안 군현지도를 완성한 뛰어난 지도학자이며, 국어학에도 능하였다. 또한 『여지고 輿地考』와 『강계지 疆界誌』를 편찬할 만큼 강역 의식이 높았던 지리학자이다.

제작 시기는 색채와 기재 지명으로 볼 때 18세기 후반으로 추정된다. 지도제가 없어 『강화도이북해역도 江華島以北海域圖』로 부르기도 한다. 종가에 북방 강역 지도가 소장되어 있어 『신경준고지도』로 함께 소개되기도 한다. 『국토의 표상』 지도집에서는 『해로도』로 수록된 바 있다. 얇은 한지 위에 채색 필사로 그렸으며 가로가 약 2.7m에 이르는 대형 지도이다. 지도 우측에 강화도의 동쪽의 염하 鹽河를 넘어 문수산성과 통진, 김포 일대가 그려져 있으며, 좌측에 압록강 하구의 의주와 양하진 楊下鎭 일대가 그려져 있어 묘사 범위는 서북 해역 일대임을 보여준다.

지도 위쪽에 해안과 나란히 산줄기 형태의 산지를 배치하고 바다에서 보는 시선으로 구성하였다. 산지 채색은 담청색과 청록색을 달리 사용하면서 원근을 나타냈다. 육지에는 연대와 봉수, 산성이 묘사되어 있으며 일부 산지에는 수목이 묘사되어 있다. 하천은 소략하게 묘사되어 있으며, 주요 유로에는 '淸川江' '平壤' 등의 지명만 기재되어 있다. 해안으로 돌출한 반도와 도서는 산지와 동일한 모습으로 표현하였다. 일부 도서 해안에 선박 정박이 가능한 곳을 묘사하였으며 지명과 함께 육지로부터 수로 거리가 기재되어 있다. 바다에는 해파묘가 묘사되어 있으며 해로는 그려져 있지 않다.

(2) 해역 묘사

지도는 서북 해역 전체를 범위로 하나, 그 중 강조된 곳은 강화도 일대로 전체의 1/4면 이상에 걸쳐 그려져 있다.^{그림2} 이곳은 조선시대 해방의 요충지로 한양 방어를 위해 유수부가 설치되었던 곳이다. 고려시대 몽고 침입 때 이곳에서 항전하였으며 조선시대 정묘·병자호란 때도 항쟁의 근거지였다. 19세기 프랑스와 미국 서양 함대가 출몰하면서 전투가 벌어진 현장이기도 하다. 이와 같은 지리적인 조건으로 인해 염하^{鹽河}가 흐르는 동쪽 연안에 공성보, 덕진진, 초지진 등 관방진이 축조되었다.

그림 2. 강화도 일대(부분)

지도에는 강화도의 이와 같은 지정학적인 내용이 상세하게 그려져 있다. 섬의 중앙에 강화성을 배치하고 성벽 여장과 성문의 문루가 상세하게 묘사되어 있다. 이곳으로부터 사방의 해안 관방진까지 이어지는 도로가 적색 실선으로 그려져 있다. 섬의 해안에는 진보^{鎭堡}가 성곽 모습으로 그려져 있으며 특히 육지와 마주보는 해안에는 성벽이 묘사되어 있다.

섬의 북서쪽에 그려진 교동^{喬洞}은 당시 교동부가 있던 곳으로 이곳에도 중앙에 읍성이 묘사되어 있다. 동쪽의 염하 건너에는 문수산성과 함께 통진, 김포, 양천현과 함께 계양산이 원경으로 그려져 있다.

강화도 서쪽의 섬들은 대부분 위아래로 긴 세장형으로 묘사되어 있고 지명과 수로 내용이 함께 기재되어 있다. 이들 도서 중 규모가 크게 그려진 섬은 당시 황해도 해주목에 속한 연평도^{延平島}, 옹진현의 대청도^{大靑島}와 백령도^{白翎島}, 풍천현의 초도^{椒島}, 평안도 선천부의 신미도^{身彌島}와 철산현 가도^{椵島}이다. 이들 섬은 청녹색으로 채색하여 다른 섬과 구분하였고 선박이 정박할 수 있음을 묘사하였다. 이중 신미도는 지금의 평안북도 신천군 해안에 있는 섬으로 국마목장이 있었다. 17세기에 병자호란의 치욕을 갚고자 임경업^{林慶業} 장군이 군사 훈련을 하던 곳이며, 명나라 장수였던 모문룡^{毛文龍}이 중원 회복의 근거지로 머무른 곳이기도 하다. 가도^{椵島}는 지금 평안북도 철산군 해안에 있는 섬으로 조선시대 국마 목장이 있던 곳이다. 지도에는 선박처와 함께 둘레 거리로 섬의 크기를 나타냈다.

지도가 그려진 18세기의 서북 해역은 청나라와 해로를 이용한 교류가 활발히 이루어지던 곳이었다. 지도를 통해 볼 때 신경준은 이곳 해역에 대해 강화도와 신미도를 비롯한 군사 방어상 요충지, 국마목장이 있던 도서, 선박 항해에서 정박이 가능한 섬을 중심으로 인지하였음을 보여준다. 이의 구체적인 내용은 그가 편찬한 『여지고』 「해방-서해북부」조에도 잘 나타나 있다.

2) 『고려중요처도』 · 『영호남연해형편도』

(1) 서지 형태

이 두 지도는 남해의 해역 일대를 그린 것이다. 지도제는 다르나 내용이 동일한 것으로 보아 함께 그려진 것으로 추정된다. 이 중 『고려중요처도高麗重要處圖』그림3는 16면 절첩의 형태이다. 경상도 영해현부터 하동부에 이르는 해역을 그리고 있으며, 좌우측에는 해안의 이정里程 내용을 담고 있다. 경상좌도 수군절도사를 역임하였던 물갑제勿欺齋 강응환姜膺煥, 1735~1795의 후손이 소장하고 있다. 그는 1770년영조46에 급제한 뒤 줄곧 무관으로 있었으며, 지도는 그가 수군절도사로 있던 1792년에서 1794년 사이에 만들어진 것으로 보고 있다. 지도에는 1767년영조43에 안음에서 안의安義로 지명이 변경된 내용이 담겨 있다.

『영호남연해형편도嶺湖南沿海形便圖』그림4는 경상도와 전라도 해안을 아우르는 40면의 절첩으로 구성되어 있어 『고려중요처도』에 비해 훨씬 길다. 첫 면과 마지막 면은 산수화를 그려 지도를 장식하고 있다. 영·호남 2첩으로 분리되어 있으며, 제1첩에는 경상도 영해부터 하동河東까지, 제2첩은 전라도 광양光陽에서 용안龍安의 용두포까지를 묘사하고 있다. 지도 아래 쪽에는 전라도 흑산도, 홍도와 함께 제주도의 한라산 지명이 기재되어 있다.

그림 3. 『고려중요처도』, 18세기 후반, 채색필사본, 비단, 67.0×342.0cm, 개인

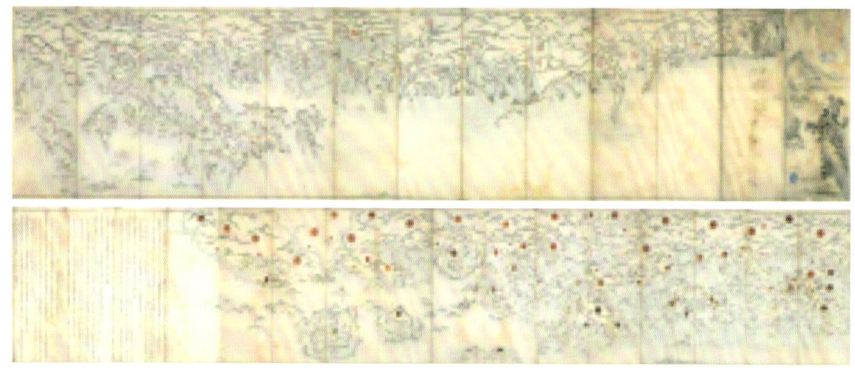

그림 4. 『영호남연해형편도』, 18세기 후반, 채색필사본, 59.0×800.0cm, 국립중앙도서관

지도에서 산지는 북쪽 방향으로 그려져 있어 해안에서 바라본 시선을 반영한다. 육지에서 읍치와 관방진을 잇는 도로가 적색 실선으로 그려져 있다. 고을은 경상도 읍치의 경우 사각형, 진보는 원형으로 그려져 있고 연한 적색으로 채색되어 있다. 이에 반해 전라도 읍치는 여장과 함께 적색 원으로 표현되어 있어 다른 화원畵員이 그린 것으로 추정된다. 바다에는 섬 지명과 이들을 잇는 수로 경로가 상세히 그려져 있으며, 주요 도서에는 크기가 주기로 기재되어 있다. 이들 지도의 내용으로 보아 충청도를 비롯한 서해의 해역 지도도 그려졌을 것으로 추정되나 남아 있지 않다.

(2) 수로 경로

경상도에서 영해부의 축산포에서 시작되는 경로는 남쪽으로 이어져 영덕과 청하, 흥해부 해역을 거쳐 지금의 포항시 영일만 일대인 호미곶을 지나 울산의 태화강 만입부에 있는 방어진을 지난다. 이후 울주 서생과 기장을 거쳐 동래부 좌수영앞을 지나 지금의 영도인 절영도의 북쪽 바다를 지나 몰운대·가덕도 일대를 거친다. 동래부 일대의 해안에는 부산진, 두모포를 비롯한 초량왜관이 묘사되어 있다^{그림5 참조}. 수로는 낙동강 하구를 지나 웅천현과 진해현 구산진을 지나 한산섬과 통영으로 이어진다. 경로는 서쪽으로 계속 이어져 굴항포堀項浦를 거쳐 곤양현과 남해군 사이의 바다를 지나 하동 남쪽의 갈도葛島로 이어진다.

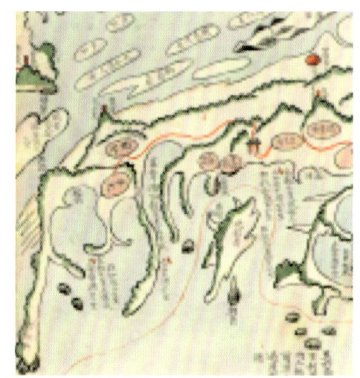

그림 5. 부산포 일대(부분)

전라도로 들어와 광양현 남쪽의 태인도泰仁島 부근을 지나 지금 여수의 좌수영 해역을 거쳐 리아스식 해안의 수많은 섬들 사이로 지난다. 지금의 고흥군 일대인 흥양현에 이르러 녹도진, 완도와 강진 사이의 바다를 지나 진도 북쪽 연안을 따라 우수영으로 이어진다. 이어서 지금의 신안군 일대의 지도진과 임자진을 거쳐 영광의 법성진, 부안의 격포진, 옥구현과 임피현에 이르러 충청도와 경계를 이루는 가내항可乃項 일대까지 이어진다.

지도에는 이와 같은 수로 묘사와 함께 주요 요충지에 대해 주기가 기재되어 있다. 내용은 해저 형편이 험하고 순한 것, 폭풍을 만났을 때 대피할 만한 유박지留泊地와 선박 대소에 따라 수용할 수 있는 한도, 연안 각 고을간 이정里程 및 연안 각지로부터 내륙 읍치까지의 거리를 담고 있다. 남해는 임진왜란 이후 해방 요충지로, 지도에 표현된 수로의 상세함과 묘사 내용은 이를 잘 보여준다. 이 지도는 당시 조선 수군의 해방 인식 내용을 전형적으로 보여주는 해안관방도이다.

3. 『함경도해안지도』

1) 서지 형태

지금의 함경남도에 속했던 고을의 해안 일대를 그린 지도이다.^{지도32 참조} 재질은 지본^{紙本}으로 채색 필사본이다. 표지는 진한 갈색의 한지위에 능화 문양으로 장황되어 있다. '自端川至德原'로 쓰인 지도제가 흐릿하게 남아 있어, 당시 함경도 단천부터 덕원에 이르는 지도첩임을 보여주고 있다. 이들 군현이 함경도 해안의 남쪽 고을임을 비추어 보아 북쪽의 지도도 함께 만들어졌을 것으로 추정된다.

형식은 절첩으로 제작되었으며, 앞·뒷표지를 제외하면 38면으로 구성되어 있다. 그 중 36~38면에는 지도가 그려져 있지 않은 여백으로 남겨 두었는데, 이유는 확실하지 않다. 각 면 크기는 세로 29.8cm, 가로 20.6cm로 펼치면 가로 약 8.6m의 대형 지도가 된다. 이 길이는 앞에서 소개된 『영호남연해형편도』의 8.0m보다 길고 우리나라에서 가장 대축척지도인 『대동여지도』^{1861, 22첩}의 6.8m를 능가한다. 단일첩으로는 길이가 가장 긴 세장형 지도로 평가된다.

지도가 만들어진 시기는 덕원부 원산 일대에 "신안^{新安}에 주부자^{朱夫子. 朱熹}, 송우암^{宋尤庵}의 서원이 있는데 지금은 훼철되었다."는 기록과 군현 지명을 바탕으로 추정이 가능하다. 우암 송시열^{宋時烈, 1607~1689}은 1675년^{숙종1}에 덕원으로 유배되었고 그해 6월 경상도 장기^{長鬐}로 이배^{移配}되기까지 유배지에서 가르침을 멈추지 않았다. 유배 후 덕원에서는 그의 학문을 추모하기 위해 1695년^{숙종21}에 용진서원^{龍津書院}을 창건하였다. 이 서원은 1724년^{경종4}에 철액^{撤額}되었다가 1725년^{영조1}에 복액^{復額}되기도 하였다. 이후 1871년^{고종8}에 서원 철폐령으로 훼철된 후 유허비가 건립되었다. 서원이 있던 곳은 지금 강원도 문천시 신안리 일대에 해당되나 복원 여부는 알려지지 않고 있다. 이와 같은 기록에서 볼 때 제작 시기는 서원이 일시적으로 훼철된 18세기로도 볼 수 있으나 지도에 기재된 이원현 지명은 1800년에 이성현에서 바뀐 것으로, 지도는 1871년 이후에 만들어졌음을 보여준다.

지도에서 바다는 윗쪽, 육지는 아래쪽에 배치하고, 산지 묘사는 내륙쪽을 향하여 바다에서 육지를 바라본 시선을 담고 있다. 산지는 청록색으로 채색되어 있으며 일부는 연회색으로 그려져 원경을 묘사하고 있다. 산줄기는 고을 단위로 분리되어 있으며, 어촌을 둘러싸면서 바다로 이어지는 모습으로 그려져 있다. 하천은 산지에서 발원하여 마을을 지나 바다로 유입하는 모습이 소략하게 묘사되어 있다. 바다는 해안 일대를 중심으로 청색으로 채색하였으며 이곳에 도서들이 지명과 함께 그려져 있다. 해파묘는 묘사되어 있지 않다.

고을 읍치는 적색 원으로 표시하였으며 관방진은 작은 원으로 그려져 있다. 도로는 영흥과 단천부 일대에서 읍치와 마을을 잇는 경로가 적색 실선으로 묘사되어 있을 뿐 다른 곳에서는 나타나지 않는다. 해안 마을은 대부분 '진^津'인 것으로 보아 포구를 중심으로 그렸음을 보여준다. 마을은 주황색으로 채색된 가옥이 밀집된 모습으로 그려져 있으며 호수^{戶數}가 기재되어 있다. 일부 어촌에는 수목들이 담녹색으로 그려져 있다. 해안 방풍림을 묘사한 것으로 추정된다.

　지도 여백을 이용하여 상세한 주기가 수록되어 있다. 제1~14면, 제29~33면에는 바다쪽의 여백을 이용하여 윗쪽에, 제15~27면에는 육지쪽 여백인 아래쪽에 기재하였다. 제28·34·35면에는 위·아래 양쪽에 수록하였다. 내용은 마을의 읍치까지 거리, 호수^{戶數}와 함께 마을 앞 바다의 수심 내용을 빠짐없이 담고 있다. 깊이는 장^丈 단위로 나타냈고 이원현 차외진, 단천군 호여진의 경우 근해와 먼바다의 수심을 별도로 기재하였다. 호수와 수심 등이 체계적으로 수록된 이들 마을의 내용은 지도의 제작 목적을 보여준다.

2) 해안 마을 내용

　지도 묘사 범위는 함경도 덕원부에서 북쪽의 단천군에 이르며, 지금 북한의 강원도 원산시와 문천시, 함경남도 금야군, 정평군, 함주군과 함흥시, 낙원군, 홍원군, 신포시와 북청군, 이원군 단천시 해안에 해당한다. 지도 각 면에 수록된 군현별 마을 내용은 표-1과 같다. 지도 우측으로부터 남쪽에서 북쪽 군현 순서로 그려져 있다. 각 고을은 3~6면에 걸쳐 그려져 있으며 문천군만 1면 내외이다.

　제1~5면은 함경도 덕원부 일대로 지금의 강원도 원산시 해안에 해당한다. 이곳은 영흥만에 접하고 있으며 삼포천이 북동쪽으로 흘러 바다로 유입한다. 조선 태조의 4대 선조인 목조·익조·도조·환조의 고향이라 하여 도호부로 승격되었다. 일제강점기에 분리되어 원산부와 문천군 덕원면에 속하였다. 이곳은 조선시대 개항 이후 원산항을 중심으로 도시가 발달한 곳이다.

　지도에는 15곳의 어촌 마을이 묘사되어 있다. 이 중 가장 규모가 큰 곳은 두남포^{豆南浦}이다. 제1면의 만입부에 묘사되어 있으며 마을 중앙에는 하천이 바다로 흐르고 있다. 만의 서쪽에 '갈마^{渴馬}'가 기재된 반도는 지금의 갈마반도를 그린 것이다. 반도 말단부에 묘사된 신도^{薪島}는 원산만 앞바다에 있는 신도에 해당된다. 지도에 수록된 마을 이름은 대부분 시가지로 변모되어 거의 남아 있지 않다.

　제5~6면은 문천군으로 지금의 강원도 문천시 해안 일대에 해당된다. 영흥만 북쪽에 연해 있으며 남천강이 군의 중앙을 동쪽으로 흘러 바다로 유입한다. 북쪽은 전탄강이 흘러 영흥군과 경계를 이룬다. 원래 문주^{文州}라 불렀으나 1413년^{태종13}에 문천으로 개칭하였다. 지도에는 지경진^{地境津}을 비롯하여 4곳에 마을이 묘사되어 있다. 제7면에는 주기에 '청어포^{靑魚浦}를 사이에 두고 영흥부와 경계를 이룬나.'라는 내용이 있다. 청어포는 북쪽의 용흥강 하류의 송전만 일대에 있는 마을로 청어가 많이 잡혀 지명이 비롯되었다 한다. 1952년 이전에는 문천군 명구면 삼포리에 속해 있었다.

　제7~10면은 영흥부 일대이다. 지금 함경남도 금야군에 해당된다. 영흥만 북쪽 일대에 위치하며 용흥강이 바다로 유입하면서 삼각주와 사주가 발달하여 동해안에서는 드물게 리아스식 해안이

형성되어 있다. 호도虎島와 송전松田 두 반도가 송전만을 이루며 만의 안쪽에 대저도大渚島, 소저도小渚島, 유도柳島 등의 도서가 있다. 영흥부는 조선 태조의 출생지로, 이자춘李自春의 구저舊邸인 영흥본궁과 이성계의 출생을 기리는 준원전濬源殿이 있다. '영흥' 지명은 외조부外祖父의 이름에서 비롯된 것이다.

표 1. 면별 수록 군현과 마을

수록 면	군현	면	마을과 호수
제1~5면	덕원부德源府	1	두남포豆南浦, 200호, 봉수포烽燧浦, 10호, 송정리 상하동松亭里 上下洞, 80호
		2	양일리陽日里, 15호, 신상리新上里, 18호, 궁상리宮上里, 80호, 대평점大坪店
		3	석근리石根里, 20호, 야태野太, 30호, 고보광진高宝廣津, 40호
		4	용진龍津, 13호, 신흥리新興里, 9호, 신안리新安里, 40호
		5	운성진雲城津, 30호, 후일리厚日里, 7호, [문천] 지경진地境津, 30호
제6면	문천군文川郡	6	아자곶치진子串峙津, 18호, 답촌진畓村津, 20호, 풍무동豊武洞, 20호
제7~10면	영흥부永興府	7	하송전下松田, 7호, 중송전中松田, 10호
		8	상송전上松田, 8호
		9	가진加津, 80여호, 오갈리五乫里, 37호
		10	청강리淸江里, 20호, 비구미진枇(九+未)津, 19호*, 백안진白安津, 70호
제11~14면	정평부定平府	11	유성진楡城津, 30호, 소흥진小興津, 17호, 동안진東安津, 70호
		12	배구미排(九+未), 15호
		13	풍상리豊祥里, 15호, 사포沙浦, 6호, 흥덕리興德里, 8호, 사하내진沙下乃津, 30호, 신중리新中里, 12호, 신흥리新興里, 17호
		14	동흥리東興里, 110호, 서호西湖, 작포鵲浦, [함흥] 흥암리興巖里, 30호
제15~17면	함흥부咸興府	15	색곶치色串峙, 17호, 풍양豊陽, 30호, 신중리新仲里, 17호, 벌계포伐溪浦, 70호
		16	송정리松亭里, 80호, 마구미麻(九+未), 60호, 퇴조진退潮津, 370호, 서근리西近里, 근지리近地里
		17	세포細浦, 10호, 사포沙浦, 10호, 무계진武溪津, 40호, 집삼진執三津, 270호, [홍원] 후리진厚里津, 10호
제18~20면	홍원현洪原縣	18	해암진蟹巖津, 15호, 사포沙浦, 10호, 전진前津, 70호, 상문암上文岩, 40호, 하문암下文岩, 45호
		19	절철암節鐵岩, 40호, 십리정十里程, 6-7호, 적둔지점赤屯地店, 10여호, 염포리廉浦津, 60여호
		20	관촌官村, 60호, 세포細浦, 50호, 대돌大乭, 10호, 소돌小乭, 8호, [북청] 대대진大擡津, 180여호

제21~26면	북청부北青府	21	신포新浦, 250호, 내후內厚, 35호, 외후外厚, 40호
		22	내유內楡, 15호, 외유外楡, 45호, 송도진松島津, 40호
		23	이진耳津, 30호, 장진長津, 40호, 사둔沙屯
		24	신창진新昌津, 430호, 소만춘小晩春, 110호
		25	대만춘大晩春, 35호, 거석진巨石津, 11호
		26	건자포乾自浦, 50호, [이원] 혹전개진或田介津, 40여호
제27~29면	이원현利原縣	27	차외진遮外津, 500여호, 유진楡津, 35호, 안창진安昌津, 25호
		28	상선上仙, 50호, 군선群仙, 20호, 방해防蟹, 20호, 홍진紅津, 69호, 고암古巖, 57호
		29	문성진文星津, 90여호, 장진長津, 180여호
제30~35면	단천군端川郡	30	용수진龍樹津, 50여호, 정석진汀石津, 98호
		31	사비대진沙飛大津, 78호
		32	감창진甘昌津, 85호, 여해진汝海津, 110호, 사라沙羅, 80여호, 좌포左浦, 90여호
		33	장항진獐項津, 65호, 흥양興陽, 40여호, 마전구미麻田(九+未), 30호
		34	일신진日新津, 140여호, 호여진湖汝津, 78호
		35	호포진湖泡津, 78호

*(九+未)는 자전에 나타나지 않는 한자이다. 일제강점기에 그려진 『조선지형도』에 구미(九味) 지명이 나타나는 것으로 보아 해안 지형인 곳을 나타내는 표기로 간주하였다.

제7면에 그려진 반도는 지금의 호도반도 일대이며 그 안에 대저도와 소저도가 묘사되어 있다. 주기에는 "정자리亭子里에 준원전, 대흑석리大黑石里에 본궁이 있다."는 내용이 있다. 마을로는 송전만 이름이 비롯된 송전 마을이 상·중·하송전 3곳으로 묘사되어 있다. 제9면의 가진加津 마을은 호수가 80여호로 이 일대에서 규모가 가장 크다. 북쪽 해안에 있었던 어촌으로 1952년 이전에는 고령면 가진리에 속하였다.

제11~14면은 정평부 일대로 지금의 함경남도 정평군 해안에 해당된다. 군의 중앙에 금진천金津川이 바다로 유입하면서 유역에 정평평야를 이룬다. 고려때 정주定州로 불렸으나 1413년태종13 평안도 정주와 이름이 같다 하여 개칭하였다. 해안 일대는 1952년 이전에는 신상면과 귀림면에 속하였던 곳으로 당시 동상리, 장홍리, 포덕리 등의 어촌이 있었다. 지도에는 13곳에 마을이 묘사되어 있으며 이 중 동안진70호과 동흥리110호 마을의 규모가 가장 크다. 서호와 작포 어촌이 그려져 있으나 호수는 기재되어 있지 않다.

제15~17면은 함흥부 일대로, 지금 함흥시와 함주군, 낙원군 해안 일대에 해당된다. 성천강이 중앙을 흘러 함흥만으로 유입하면서 퇴적 평야를 이루어 함흥시와 흥남시 도시 성장의 바탕이

되었다. 해안에는 화도를 비롯하여 소화도, 간도가 있다. 고려시대인 1107년^{예종2} 윤관尹瓘의 여진 정벌로 우리 강역에 속하였으며 1356년^{공민왕5}에 쌍성총관부를 수복하면서 다시 고려 영토가 되어 함주가 되었다. 태조 이성계의 함흥본궁이 있던 곳으로 1416년에 함흥부로 승격하여 함길도 관찰사를 두면서 관북 지방 일대의 중심지가 되었다.

지도의 제14면에 그려진 화도는 지금 함흥만에 있는 섬이다. 13곳에 마을이 묘사되어 있으며, 이 중 퇴조진이 370호로 가장 규모가 크다. 이곳은 조선시대 면에 해당되는 퇴조사^{退潮社}가 있던 곳으로 1952년 퇴조군이 되었다. 그 후 다시 함흥시 퇴조면으로 속하였다가 1970년에 군이 되었다. 그러나 지명이 천리마운동을 퇴조시킨다는 의미를 담았다 하여 1982년 낙원군으로 바뀐 곳이다.

제17~20면은 홍원현 일대로, 지금의 홍원군과 신포시 해안에 해당한다. 1952년 이전에 삼호면 홍원읍, 경운면, 용원면에 속한 곳이다. 군의 중앙을 서대천이 남쪽으로 흘러 해암리 일대에서 바다로 유입한다. 해안선은 비교적 굴곡이 심하며, 전진^{前津}·경포^{景浦} 등의 포구가 발달해 있다. 고려시대 후기에 여진족 세력에서 벗어나 한반도 강역에 속한 곳이다. 조선 건국 후 함흥부에 속하였으나 1433년^{세종15}에 분리하여 치소를 지금의 홍원읍 하양리에 두었다. 지도에는 13곳의 어촌이 묘사되어 있으며, 이 중 제18면에 그려진 전진^{70호} 마을의 규모가 가장 크다. 이곳은 홍원군의 중심지가 형성된 곳이며, 지금은 노동자구로 지정되어 있다. 한편 제18면의 해암진은 군의 남쪽 해안에 있는 해암리에 해당한다.

제21~26면은 북청부 일대로 지금의 함경남도 북청군 해안지역에 해당한다. 1952년 이전에는 신포읍, 양화면, 속후면, 신창읍, 거산면에 속한 곳이다. 군의 중앙을 남대천이 동남쪽으로 흘러 속후면 일대에서 바다로 유입한다. 군의 남쪽 바다에는 마양도 등의 섬이 있다. 고려시대에는 한때 몽고 지배하에 있었으며, 고려말 공민왕의 반원정책으로 수복되면서 군현이 설치되었다. 당시 삽살^{북청}로 불렀다. 조선시대 청주부로 개칭하였으나 충청도 청주와 발음이 같아 다시 북청으로 바꾸었다. 지도에 마양도를 비롯하여 14곳에 어촌이 그려져 있다. 이 중 신창진^{430호}과 신포(250호)의 규모가 가장 크다. 신창진은 신창읍 이름이 비롯된 곳으로 지금 북청군의 중심이다. 지도에서 신창진 일대의 묘사는 하천이 내륙을 곡류하는 모습으로 그려져 있다. 신포는 신포읍의 중심 마을이었다.

제27~29면은 이원현 일대로 지금의 함경남도 이원군에 해당한다. 1952년 이전에는 차호읍, 남송면, 동면에 속하였던 곳이다. 남대천과 동대천이 동남쪽으로 흘러 이원만으로 유입하며, 남쪽 바다에 전초도^{全椒島} 등의 도서가 있다. 고려시대에는 시리^{時利}로 불렀다. 조선시대 들어 이성현이 되었으나 1800년^{순조1}에 이원현으로 개칭하였다. 지도에는 전초도와 작도를 비롯하여 10곳에 마을이 묘사되어 있다. 이 중 차외진^{500여호}과 장진^{180호}, 문성진^{90여호}의 규모가 크다. 만입부에 묘사된 차외진은 지금 차호읍의 중심지인 상차호리 일대이다. 문성진은 문성리로 되었다가 지금 학사대리에 편입된 곳이다.

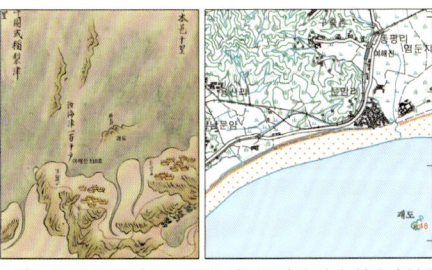

그림 6. 『북한지형도』(국토지리정보원, 2013)의 여해진 '괘도' 일대

제30~35면은 단천군 일대로, 지금의 함경남도 단천군에 해당한다. 1952년 이전에 복귀면, 단천읍, 이중면의 해안지역에 속한 곳이다. 군의 중앙에 신동천과 남대천, 북대천이 동남쪽으로 흘러 단천읍과 이중면 해안으로 유입한다. 원나라 지배때 독로올禿魯兀. 일명 豆乙外이라 하였고, 고려 우왕 때 단주端州라고 하였다. 1414년태종14에 단천이 되었다. 지도에는 괘도掛島를 비롯하여 12곳에 어촌이 묘사되어 있다. 괘도는 지금 단천군 북쪽의 여해진 앞바다에 있는 바위 섬이다그림6. 『북한지형도』단천 도엽에는 문암리에 여해진 지명이 있고 앞 바다에 괘도가 그려져 있다. 마을 중 일신진140여호, 여해진110호의 규모가 크다. 일신진은 『조선지형도』성진 도엽에 일신동日新洞으로 지명이 기재되어 있다.

4. 맺음말

『함경도해안지도』 내용은 해방海防을 위해 제작된 이전 해안지도와는 다른 목적으로 지도가 만들어졌음을 보여준다. 신경준이 그린 『서북해역도』의 경우 경기도 강화도부터 평안도의 압록강 하구까지를 묘사 범위로 하고 있으나 상당 부분을 해방의 요충지인 강화부 일대를 중심으로 그렸다. 또한 도면의 대부분은 해역 묘사에 할애하였으며 육지의 지리적인 내용은 매우 소략하게 표현하였다. 수로 경로는 그려져 있지 않으나 도서의 주기를 통해 해로 내용을 담고 있다. 지도 내용을 볼 때 군사용으로 만들어진 것은 아니나 강역 내용을 표현하기 위해 제작된 것임을 보여준다.

『영호남연해형편도』는 경상도좌수영에서 만든 지도답게 군사적인 내용을 담고 있다. 육지에 소재한 읍치와 해안의 관방진을 상세하게 그렸고, 이들을 잇는 도로도 자세히 묘사되어 있다. 해안과 도서로 이루어진 리아스식 해안의 모습과 함께 그 사이를 지나는 해로 경로도 적색 실선으로 구체적으로 표현되어 있어 전형적인 해안 관방지도의 내용을 표현하였다.

이에 반해 『함경도해안지도』는 다른 모습을 보여준다. 앞의 지도에 비해 육지의 읍치도 소략하게 그려져 있고, 해방과 수로 내용도 거의 없다. 해안 봉수도 묘사되어 있지 않다. 지도에서 중점적으로 표현한 것은 군사적인 내용보다는 어촌 마을의 지리에 대한 내용이다. 해안 만입부에 위치한 마을들을 지리적인 조건과 함께 가옥과 호수를 통해 규모를 나타냈고, 앞바다의 수심을 빠짐없이 기재하고 있어, 단일 주제를 그린 지도로서 높은 완성도를 보인다. 어업과 직결되는 수심을 정리한 것은 관방목적이 아닌 해안 어촌의 지리를 체계적으로 정리하여 민생을 돕기 위한 목적이 포함된 것으로 추정된다. 여러 군현의 내용이 동일한 형식으로 그려진 것은 고을에서 올린 지리정보를 바탕으로 감영에서 수합하여 체계적으로 제작하였음을 보여준다. 이 고지도는 조선시대 해안을 그린 지도의 해석 논의에서 종래 틀에서 벗어나는 다양한 방향성을 제시한다.

[참고문헌]

김기혁, 북한의 행정구역과 지명, 『북한지리백서-인문·자연·환경-제1장』 (박수진 외), 푸른길, 2020

국립해양박물관, 『해양명품 100선-바다를 품다』, 2017

국토지리정보원, 『북한지형도』, 2013

대한지리학회, 『한국지명유래집-북한편』, 국토지리정보원, 2013

동북아역사재단, 『국토의 표상-한국고지도집』, 2012

부산대학교 한국지리연구소, 『부산고지도』, 부산광역시, 2008

김기혁·윤용출, 조선-일제강점기 울릉도 지명의 생성과 변화, 『문화역사지리』, 18(1), 2006

국립민속박물관, 『한반도와 바다』, 2004

북한 과학백과사전출판사, 『고장이름사전』(함경남도), 2002(주체91), 『조선지형도』(1914~1917)

참고문헌 INDEX

논문

구만옥
「천상열차 분야지도 연구의 쟁점에 대한 검토와 제언」, 『동방학지』 140, 2007

박은순
「겸재 정선의 진경산수화풍(眞景山水畵風)과 고지도(古地圖)」, 『한국고지도연구학회 학술대회 자료집』, 2017

양보경
「목판본《동국지도》의 편찬 시기와 의의」, 『규장각』 Vol.14, 서울대학교 규장각한국학연구원, 1991

양보경
「조선 후기 군현지도의 발달」, 『문화역사지리』 Vol.7, 한국문화역사지리학회, 1995

양보경
「『大東輿地圖』를 만들기까지」, 『韓國史市民講座』 16, 일조각, 1995

양보경
「鬱陵島, 獨島의 역사지리학적 고찰 - 한국 고지도로 본 鬱陵島와 獨島」, 『동북아역사논총』 7, 2005

양보경
「규장각 소장 고지도 연구」, 『韓國史市民講座』 48, 일조각, 2011

양윤정
「목판본 조선전도《해좌전도》의 유형 연구」, 성신여자대학교 대학원 지리학과 석사학위 논문, 2005

오상학
「정상기의 〈동국지도〉에 관한 연구 : 제작과장과 사본들의 계보를 중심으로」, 서울대학교 대학원 지리학과 석사학위 논문, 1994

오상학
「조선후기 원형 천하도의 특성과 세계관」, 『국토지리학회지』 Vol.35 No.3, 2001

오상학
「조선시대의 세계지도와 세계인식」, 서울대학교 대학원 지리학과 박사학위 논문, 2001

오상학
「조선시대의 일본지도와 일본 인식」,『대한지리학회지』 Vol.38 No.1, 대한지리학회, 2003

오상학
목판본「탐라지도」의 내용과 지도학적 특성『한국지도학회지』 16권 2호, 2016

이기봉
「정상기의《동국지도》수정본 계열의 제작 과장에 대한 연구」,『문화역사지리』 Vol.20 No.1, 한국문화역사지리학회, 2008

이기봉
「16~17세기 동람도식 목판본 지도책의 조선전도와 도별도에 대한 연구」,『문화역사지리』 Vol.26 No.2, 한국문화역사지리학회, 2014

이영선
「조선후기 방안식 도별〈동국지도東國地圖〉연구」, 성신여자대학교 대학원 석사학위논문, 2014

이은성
「천상열차분야지도의 분석」,『세종학 연구』 1, 세종대왕기념사업회, 1986

이은영
「동람도(東覽圖)형 지도의 유형 비교:도별도를 중심으로」, 성신여자대학교 교육대학원 교육학과 지리교육학과 지리교육 전공 석사학위논문, 2011

이찬
「동람도의 특성과 지도발달사에서의 위치」,『진단학보』 Vol.46-47, 진단학회, 1979

이찬
「조선시대의 지도책」,『한국측량학회지』 Vol.7 No.2, 1989

최재영·이상균
「개정일본여지노정전도(改正日本輿地路程全圖)의 제작배경과 독도영유권적 가치」,『한국지리학회지』 7권 3호, 2018

도록

국립중앙도서관, 『한국의 고지도』, 1997

국립중앙도서관, 『고지도를 통해 본 서울·경기·충청·전라 지명연구』, 2010~2015

국립중앙도서관, 『지리지의 나라, 조선』, 2016

국립중앙박물관, 『조선시대 지도와 회화』, 2013

국립중앙박물관, 『지도예찬 – 조선지도 500년, 공간·시간·인간의 이야기』, 2018

국립지리원, 대한지리학회, 『한국의 지도 – 과거·현재·미래』, 2000

국립해양박물관, 『해양 명품 100선 바다를 품다』, 2017

국토지리정보원, 『한국지도학 발달사』, 2009

동북아역사재단, 『고지도에 나타난 동해와 독도』, 2010

영남대학교 박물관, 『한국의 옛 地圖』, 1998

서울대학교 규장각한국한 연구원, 『조선을 그리다, 조선을 만나다』, 2011

단행본

김인덕·서성호·오상학·오영선
『한국 미의 재발견』 제2권, 솔출판사, 2004

김혜정
『동해의 역사와 형상 : 고지도와 함께하는 동해이야기』, 경희대학교 출판문화원, 2009

서정철·김인환,
『동해는 누구의 바다인가』, 김영사, 2014

양보경·양윤정·이명희
『고지도와 천문도』, 성신여자대학교 출판부, 2016

오상학
『조선시대 세계지도와 세계인식』, 창비, 2011

국립해양박물관
총서 / 학술
20200708

고지도, 종이에 펼쳐진 세상

동양편

총 괄	이종배
기 획	윤리나, 권유리
편 집	권유리, 권현경
교 정	권유리, 권현경, 전경호, 제아름, 김현수, 김나연
감 수	김기혁
특별논고	김기혁
사진촬영	김주찬, 김태영
제작 및 디자인	효민디앤피
발 행 일	2020년 12월 11일
발 행 처	국립해양박물관 www.knmm.or.kr
	부산광역시 영도구 해양로 301번길 45
ISBN	979-11-90481-66-3(94980)

값 13,000원

ISBN 979-11-90481-66-3
ISBN 979-11-90481-64-9 (세트)

발간등록번호 11-B553496-000017-01

ⓒ국립해양박물관(Korea National Maritime Museum), 2020

이 도서의 저작권은 국립해양박물관이 소유하고 있습니다.
이 도서의 모든 내용에 대하여 국립해양박물관의 동의 없이는 어떠한 형태나 의미로든 재생산하거나 재활용할 수 없습니다.
All rights reserved. No part of this book may be reproduced or utilized in any form or by any means without permission in writing from Korea National Maritime Museum.